FORSCHUNGSBERICHTE DES LANDES NORDRHEIN-WESTFALEN

Nr. 2272

Herausgegeben im Auftrage des Ministerpräsidenten Heinz Kühn
vom Minister für Wissenschaft und Forschung Johannes Rau

Direktor Dipl.-Ing. Hans Stüdemann
Dipl.-Ing. Hans-Volkert Lange
Rudolf Grube

Forschungsinstitut für Schneidwaren
und Bestecke Solingen

Entwicklung einer Vorrichtung zur Prüfung der Schneideigenschaften von Scheren

Westdeutscher Verlag Opladen 1972

ISBN 978-3-531-02272-7 ISBN 978-3-322-88334-6 (eBook)
DOI 10.1007/978-3-322-88334-6

Gesamtherstellung: Westdeutscher Verlag

Inhalt

1. Einleitung

Bisher werden die Schneideigenschaften der Scheren ausschließlich durch das Zerschneiden eines Schneidwerkstoffs (z. B. Nesseltuch) oder durch Leerschließungen, d. h. Öffnen und Schließen der Schere ohne Zerschneiden eines Werkstoffs, von Hand geprüft. Bei dieser Art der Prüfung wird das Ergebnis durch die vom Prüfer angewandte und von ihm beeinflußbare Prüfmethode und durch seinen Beurteilungsmaßstab gegeben sein. Hinzu kommt noch, daß außer dem Einfluß des Prüfenden auf die Beurteilung der Schneideigenschaften ein weiterer Nachteil dadurch entsteht, daß bei der Scherenprüfung von Hand keine Meßergebnisse in Form von Zahlenwerten erreicht werden können.

Aus den oben genannten Gründen besteht seit langem die Forderung nach einem Gerät, mit dem eine objektive Beurteilung der Schneideigenschaften von Scheren durch Auswertung von Meßdaten möglich ist. Daher erhielt das Forschungsinstitut für Schneidwaren die Aufgabe, eine weitgehend universell anwendbare und möglichst selbsttätig arbeitende Scheren-Prüfvorrichtung zu entwickeln.

Nach einigen einführenden Erörterungen über Aufbau und Arbeitsweise der Schere sowie über die bisher angewandten Prüfmethoden werden die für die Beurteilung der Schneideigenschaften festzulegenden Meßgrößen besprochen. Anschließend wird die Arbeitsweise der im Rahmen der Forschungsarbeit entwickelten Scheren-Prüfvorrichtung erläutert. Anhand von Scherenprüfungen, die mit einem Versuchsmodell der Scheren-Prüfvorrichtung vorgenommen wurden, werden weiterhin der Einfluß des Schneidwerkstoffs auf'die Prüfungsergebnisse und die zweckmäßige Auswertung der Versuchsergebnisse für die Beurteilung der Schneideigenschaften von Scheren besprochen.

Abschließend folgt die Erläuterung der Konstruktion einer selbsttätig arbeitenden Scheren-Prüfmaschine bei der - abgesehen von den automatisch ablaufenden Prüfvorgängen - grundsätzlich die gleiche Arbeitsweise wie bei dem Versuchsmodell angewandt wurde.

2. Einführende Erörterungen über die Scherenfunktion und deren bisher übliche Kontrolle im Hinblick auf die Schneideigenschaften von Scheren

2.1 Arbeitsweise und Funktion der Schere

Bevor auf die Beurteilung der Schneideigenschaften von Scheren näher eingegangen wird, sollen zunächst die bei der Schere entstehende Schneidwirkung und die dabei auftretenden Kräfte erläutert werden.

In der Abb. 1 a sind der Ober- und der Unterbeck einer 160 mm-Haushaltschere gezeichnet. Die Namen der Scherenteile, soweit sie im Rahmen dieses Forschungsberichtes benötigt werden, können der Abb. 1 a entnommen werden. Der Ober- und der Unterbeck werden durch die Schraube miteinander verbunden und aufeinander gespannt. Dabei entstehen an der Schneide (Wate) und auf dem Halbmond weitere Berührungsstellen zwischen Oberbeck und Unterbeck. Die Lage der Berührungsstellen ist von der Schließstellung der Schere abhängig. Während des Schließens bewegt sich die Berührungsstelle an der Schneide in Richtung zur Scherenspitze, dagegen wandert eine der beiden Berührungsstellen am Halbmond praktisch auf einem Kreisbogen mit der Schraube als Mittelpunkt in Richtung auf die Seite des Becks, an der sich die Schneide befindet.

Anhand der beiden Schnittdarstellungen in der Abb. 1 a sollen der Aufbau und die Funktion des Scherenblattes mit der Schneide und die Funktion des Halbmonds besprochen werden. Der Schnitt AA einer 160 mm-Haushaltschere zeigt vergrößert den Querschnitt durch das Blatt des Unterbecks. Die Fläche zwischen der Schneide 1 und dem Rücken 2 wird etwas hohlgeschliffen und daher die hohle Seite 7 genannt. Die gerade Verbindungslinie zwischen der Schneide und dem Rücken ist gegenüber der Bewegungsrichtung bzw. der Schneidrichtung des Blattes um den Winkel α geneigt, d.h., die Scherenblätter weisen den sogenannten Dreh (Drall) auf. Dieser Drehwinkel nimmt vom Schraubenloch zur Scherenspitze hin zu, so daß in der Schnittebene des Schraubenlochs nahezu keine Drehung vorhanden ist (Abb. 1 a, Schnitt BB). Das Drehen der Scherenblätter wird vor dem Härten durchgeführt, wobei angestrebt wird, daß die Schneide nach dem Drehen einen möglichst geradlinigen, nicht gekrümmten Verlauf aufweist. Sowohl durch das Drehen als auch durch das Hohlschleifen wird erreicht, daß sich die Scherenblätter nur an der Schneide berühren.

Nach dem Schleifen der hohlen Seite 7 wird parallel zum Dürpel 10 das Zwischen 9 nachgeschliffen (Abb. 1 a). Dabei wird auf der Rücken- und auf der Schneidenseite mehr abgeschliffen als in der Mitte des Scherenblattes. Außerdem wird so geschliffen, daß das Zwischen zum Dürpel hin abfällt. An der Übergangsstelle von der hohlen Seite zum Zwischen entsteht der nahezu halbkreisförmige Halbmond 8. Der Halbmond stellt das Ende der hohlen Seite dar. Daher haben die hohle Seite und der Halbmond dasselbe Profil, d.h., der Halbmond ist ebenso wie die hohle Seite konkav. Daraus ergibt sich der in der Abb. 2 schematisch dargestellte Bewegungsablauf am Halbmond. Bei dieser Darstellung wird davon ausgegangen, daß die Halbmondquerschnitte des Ober- und Unterbecks bezüglich des Halbmondprofils gleich und symmetrisch sind. In diesem Fall behält die Verbindungslinie zwischen den Endpunkten des Halbmonds auf der Schneiden- und der Rückenseite während des Schließens der Schere ihre horizontale Lage bei, d.h. Ober- und Unterbeck werden nicht gegeneinander gekippt.

Bei völlig geöffneter Schere berühren sich die Halbmonde vom Ober- und Unterbeck an einer Stelle (Abb. 2, Stellung I) unter der Voraussetzung, daß eine Anpreßkraft vorhanden ist. Während des Schließens kommt ein zweiter Berührungspunkt hinzu, der bei etwa halb geschlossener Schere an der tiefsten Stelle des Halbmonds liegt (Stellung II). In der Stellung II erhält man die größte senkrechte Relativ-Bewegung a zwischen Ober- und Unterbeck in der Ebene des Halbmondquerschnitts. Beim weiteren Schließen der Schere vermindert sich diese Relativbewegung, bis sie bei geschlossener

Schere (Stellung III) wieder zu Null wird. Nun berühren sich die beiden Halbmonde in ihren Endpunkten auf der Schneiden- und der Rückenseite.

Die in der Abb. 2 dargestellte Scherenstellung I kommt in der Praxis nicht vor, im allgemeinen wird im geöffneten Zustand die Stellung II erreicht. Dies hat zur Folge, daß beim Schließen der Schere von Stellung II nach Stellung III sich die Halbmondquerschnitte des Ober- und Unterbecks voneinander entfernen, so daß durch die um die Schraube stattfindende Kippwirkung die Schneiden mit zunehmender Schließung stärker aufeinander gedrückt werden. Da die Halbmonde nur geringfügig hohl sind, wird mit zunehmender Schließung durch die stärkere elastische Rückfederung der Scherenblätter eine Verminderung der Anpressung zwischen den Schneiden auftreten, die kaum noch von der Relativbewegung zwischen den Halbmondquerschnitten ausgeglichen wird. Eine Erhöhung der Anpressung wird dann erst durch die Krümmung der Schneiden bewirkt.

Nach dem Härten und dem Schleifen der Scherenbecke werden die Blätter leicht nach innen, d. h. in Richtung der hohlen Seite, gekrümmt. Daraus ergibt sich die in der Abb. 1 eingezeichnete Höhendifferenz a zwischen dem Schnitt AA und dem Schnitt BB. Durch die Krümmung der Scherenblätter soll erreicht werden, daß die Anpreßkraft S_y an der Schneide (Abb. 1 a, Unterbeck) beim Schließen der Schere infolge der elastischen Rückfederung der Scherenblätter auch bei wachsendem Abstand zwischen der Berührungsstelle an den Schneiden und der Schraubenachse nicht abfällt, sondern im Idealfall konstant bleibt. Nach der Montage der beiden Scherenbecke wird im allgemeinen die Krümmung solange nachgestellt, bis sich bei dem Schließen der Schere eine möglichst gleichmäßige Schließkraft F_x über der gesamten Schließlänge ergibt.

Bei dem Schließen der Schere werden an den Scherenaugen die beiden gleichgroßen und entgegengesetzt gerichteten Schließkräfte F_x aufgebracht (Abb. 1 a). Weiterhin entstehen an den Auflagepunkten zwischen den Scherenbekken Kräfte. In der Abb. 1 a sind die vom Oberbeck auf das Unterbeck wirkenden Kräfte eingezeichnet. Durch die in Richtung der Schraubenachse wirkende Kraft N_y, die bei der Montage der beiden Scherenbecken entsteht, ergeben sich an der Schneide die Kraft S_y und am Halbmond die Kräfte H_{y1} und H_{y2} (obwohl am Halbmond zwei Berührungsstellen vorliegen, wird im folgenden nur die resultierende Halbmondkraft berücksichtigt. Entsprechend der Abb. 1 b ist $H_y = H_{y1} + H_{y2}$ und $H_x = H_{x1} + H_{x2}$). Beim Leerschließen, d. h. beim Schließen der Schere ohne Zerschneiden eines Werkstoffes, und beim Schneiden von Werkstoff entstehen an der Schneide die Kraft S_x und am Halbmond die Kräfte H_{x1} und H_{x2}. Weiterhin wird über die Schraube die Kraft N_x vom Oberbeck auf den Unterbeck übertragen. Da die Schraube bei der Montage fest in den Unterbeck eingeschraubt wird, überträgt sie außerdem ein Drehmoment M_y, das von der Reibung zwischen dem Oberbeck und der Schraube herrührt.

Die Schneidwirkung einer Schere beruht nun darauf, daß sich die beiden keilförmigen Scherenschneiden in entgegengesetzter Richtung in den Schneidwerkstoff hineinbewegen und dabei den Schneidwerkstoff abscheren (Abb. 3a). Der Hohlschliff und der Drall des Scherenblattes sollen die Reibung zwischen der hohlen Seite und dem Schneidwerkstoff verhindern. An der Schneide selbst entsteht neben der senkrecht auf die Keilfläche wirkenden Schneidkraft S_2 die Reibkraft S_1 (Abb. 3 b). Aus diesen beiden Kräften ergibt sich die resultierende Schneidkraft S, die unter dem Reibwinkel ρ auf die Keilfläche der Schneide wirkt (Abb. 3 c).

Um die in x- und y-Richtung auftretenden Kräfte bestimmen zu können, ist es erforderlich, die Schneidkraft S in die x- und y-Komponente zu zerlegen. Dabei ergibt sich die Beziehung

$$S_{y,2} = S_{x,2} \cdot tg(90 - \beta - \rho) \qquad (1)$$

Aus der Gl. (1) ist zu ersehen, daß in y-Richtung beim Schneiden eines Werkstoffs eine Kraft entsteht und dadurch zusätzlich zu der bereits bei der Scherenmontage eingestellten Anpreßkraft $S_{y,1}$ zwischen den beiden Schneiden eine weitere Anpreßkraft $S_{y,2}$ hinzukommt. Die Anpreßkraft $S_{y,2}$ hängt sowohl vom Schneidwerkstoff als auch von der Geometrie der Schneide ab. Mit steigendem Schneidwiderstand erhöht sich auch die Anpreßkraft $S_{y,2}$. Ebenso vergrößert sich die Anpreßkraft $S_{y,2}$ mit kleiner werdendem Reibungskoeffizienten μ_{SW} zwischen Schneide und Schneidwerkstoff ($tg\,\rho = \mu_{SW}$) sowie bei einer Verringerung des Keilwinkels β der Schneide. Die resultierende Anpreßkraft zwischen den beiden Schneiden ergibt sich zu

$$S_y = S_{y,1} + S_{y,2} \qquad (2)$$

Die resultierende Schneidkraft beim Schneiden eines Werkstoffs errechnet sich zu

$$S_x = S_{x,1} + S_{x,2} \qquad (3)$$

Die Kraft $S_{x,1}$ wird durch die Reibung der beiden Schneiden aneinander hervorgerufen und tritt daher auch dann auf, wenn die Schere leergeschlossen wird, d.h. kein Werkstoff geschnitten wird. Die Kraft $S_{x,2}$ hängt vom Schneidwiderstand, vom Reibungskoeffizienten des Schneidwerkstoffs und von der Schneidengeometrie ab.

Anhand der Abb. 1 a und der Abb. 1 b lassen sich die folgenden Beziehungen aufstellen:

Für das Gleichgewicht der Kräfte in x-Richtung gilt

$$S_x + F_x - N_x - H_x = 0 \qquad (4)$$

In gleicher Weise gilt für das Kräftegleichgewicht in y-Richtung

$$N_y - S_y - H_y = 0 \qquad (5)$$

Aus der Gleichgewichtsbedingung für die Momente um die y-Achse ergibt sich

$$S_x \cdot a + H_x \cdot b - F_x \cdot c + M_y = 0$$

Da für das vom Oberbeck über die Schraube auf den Unterbeck übertragene

Moment näherungsweise $M_y \cong 0$ geschrieben werden kann, vereinfacht sich die obige Gleichung zu

$$S_x \cdot a + H_x \cdot b - F_x \cdot c = 0 \tag{6}$$

Aus der Gleichgewichtsbedingung für die Momente um die x-Achse ergibt sich

$$H_y \cdot b - S_y \cdot a = 0 \tag{7}$$

Da es sich bei $S_{x,1}$ und H_x um Reibkräfte handelt, kann das Coulombsche Gesetz angewandt werden

$$S_{x,1} = \mu_S \cdot S_y \tag{8}$$

$$H_x = \mu_H \cdot H_y \tag{9}$$

Im folgenden sollen mit Hilfe der aufgeführten neun Beziehungen Bestimmungsgleichungen für alle an der Schere auftretenden Kräfte gefunden werden. Dabei wird von der Voraussetzung ausgegangen, daß die an den Scherenaugen wirkende Kraft F_x gemessen wird. Diese Bedingung reicht - wie die Rechnung beweisen wird - bereits aus, um bei leerschließenden Scheren alle Kräfte bestimmen zu können, wenn die Reibungskoeffizienten bekannt sind. Sobald die Schere einen Werkstoff schneidet, wird es allerdings notwendig, eine weitere Kraft - z. B. $S_{x,2}$ - zu ermitteln.

Durch Einsetzen von Gl. (9) in Gl. (7) erhält man nach kurzer Umformung

$$S_y = \frac{H_x \cdot b}{\mu_H \cdot a} \tag{10}$$

Durch Einsetzen von Gl. (10) in Gl. (8) und anschließendem Einsetzen der dabei erhaltenen Beziehung für $S_{x,1}$ in die Gl. (3) ergibt sich

$$S_x = \frac{\mu_S \cdot b \cdot H_x}{\mu_H \cdot a} + S_{x,2} \tag{11}$$

Nach der Elimination von S_x in der Gl. (6) führt das Gleichsetzen mit der Gl. (11) nach einigem Umformen zu der Lösung für die am Halbmond entstehende Reibkraft

$$H_x = \frac{(F_x \cdot c - S_{x,2} \cdot a)\, \mu_H}{(\mu_S + \mu_H)\, b} \tag{12}$$

Aus der Gl. (12) erhält man zusammen mit der Gl. (9) die Beziehung für die senkrecht auf den Halbmond wirkende Kraft

$$H_y = \frac{F_x \cdot c - S_{x,2} \cdot a}{(\mu_S + \mu_H)\, b} \tag{13}$$

Nach der Bestimmung der am Halbmond auftretenden Kräfte werden nun die an der Schneide entstehenden Kräfte ermittelt. Durch Einsetzen der Gl. (13) in die Gl. (7) erhält man nach Umformung für die Anpreßkraft zwischen den beiden Schneiden die Beziehung

$$S_y = \frac{F_x \cdot c - S_{x,2} \cdot a}{(\mu_S + \mu_H)\, a} \tag{14}$$

Durch Einsetzen von Gl. (14) in Gl. (8) ergibt sich die an der Schneide wirkende Reibkraft

$$S_{x,1} = \frac{\mu_S (F_x \cdot c - S_{x,2} \cdot a)}{(\mu_S + \mu_H)\, a} \tag{15}$$

Im Scherenblatt wird die in Bewegungsrichtung des Blattes wirkende Kraft S_x und die senkrecht zur Bewegungsrichtung entstehende Kraft $S_{y,1}$ übertragen. Die Kraft S_x ergibt sich aus der Gl. (3) durch Einsetzen von Gl. (15) zu

$$S_x = \frac{\mu_S \cdot F_x \cdot c + \mu_H \cdot S_{x,2} \cdot a}{(\mu_S + \mu_H)\, a} \tag{16}$$

Die Kraft $S_{y,1}$ erhält man aus der Gl. (2) durch Einsetzen der Gl. (1) und der Gl. (14) zu

$$S_{y,1} = \frac{F_x \cdot c - S_{x,2} \cdot a \left[1 + (\mu_S + \mu_H) \cdot tg(90 - \beta - \rho)\right]}{(\mu_S + \mu_H)\, a} \tag{17}$$

Zuletzt sollen nun die an der Schraube (Nagel) auftretenden Kräfte bestimmt werden. In Richtung der Schraubenlängsachse wird die Kraft N_y übertragen. Diese Kraft erhält man aus der Gl. (5), indem man die Gl. (13) und die Gl. (14) einsetzt, zu

$$N_y = \frac{F_x \cdot c - S_{x,2} \cdot a}{\mu_S + \mu_H} \cdot \left(\frac{1}{a} + \frac{1}{b}\right) \tag{18}$$

Aus der Gl. (4) ergibt sich unter Zuhilfenahme der Gl. (12) und der Gl. (16) die senkrecht zur Schraubenachse wirkende Kraft

$$N_x = F_x \cdot c\left[\frac{1}{\mu_S + \mu_H}\left(\frac{\mu_S}{a} - \frac{\mu_H}{b}\right) + \frac{1}{c}\right] + S_{x,2}\left(\frac{\mu_H}{\mu_S + \mu_H}\right)\left(1 + \frac{a}{b}\right) \tag{19}$$

Mit Hilfe der vorstehend aufgeführten Gleichungen können die an der Schere auftretenden Kräfte bestimmt werden, wenn die an den Scherenaugen aufzubringende Schließkraft F_x, die an der Schnittstelle in Bewegungsrichtung des Scherenblattes wirkende Schnittkraft $S_{x,2}$ und die Reibungskoeffizienten zwischen den Schneiden (μ_S) und am Halbmond (μ_H) sowie der Reibungskoeffizient zwischen dem Schneidwerkstoff und der Schneide (μ_{SW}) bekannt sind.

Die Bestimmung der Schließkraft F_x in Abhängigkeit von der Schließstellung der Schere kann mit der in den nachstehenden Kap. 3. 2 und 4. erläuterten Scherenprüfmaschine vorgenommen werden. Die Schnittkraft $S_{x,2}$, die erforderlich ist, um die Scherenschneide in den zu schneidenden Werkstoff eindringen zu lassen, muß in einem gesonderten Versuch ermittelt werden. Dabei kann beispielsweise so vorgegangen werden, daß ein Beck der Schere senkrecht zur Bewegungsrichtung der Schneide an einer Stange befestigt wird, die ihrerseits möglichst reibungsfrei in einem Gelenk drehbar gelagert ist. Dann wird unterhalb der Schneide der Schneidwerkstoff unter niedriger Vorspannung angebracht, wobei darauf zu achten ist, daß die Schneide den Schneidwerkstoff nicht linienförmig sondern nur punktförmig berührt. Dadurch wird dem Schneidvorgang bei der Schere Rechnung getragen, bei dem in jedem Augenblick immer nur ein kleiner Bereich der Schneide auf den Schneidwerkstoff drückt. Anschließend wird der Scherenbeck solange durch Auflage von Gewichten belastet, bis die Schneide in den Schneidwerkstoff eindringt. Das Eindringgewicht ist dann gleich der gesuchten Schnittkraft $S_{x,2}$. Da der Keilwinkel β (Abb. 3) über der gesamten Schneidenlänge nahezu konstant ist, muß bei Verwendung des gleichen Schneidwerkstoffs bei unveränderter Dicke die Schnittkraft $S_{x,2}$ über der gesamten Schneidenlänge konstant sein. Es reicht daher aus, wenn die Schnittkraft $S_{x,2}$ an einer beliebigen Stelle der Schneide ermittelt wird. Bei der aufgeführten Versuchsdurchführung zur Bestimmung der Schnittkraft $S_{x,2}$ ist es nicht unbedingt erforderlich, die Schere zu demontieren, da der andere, nicht zur Untersuchung herangezogene Scherenbeck bei der Versuchsdurchführung nicht stört.

Die Reibungskoeffizienten sind der größte Unsicherheitsfaktor bei der Bestimmung der an der Schere auftretenden Kräfte, da sie nicht nur von der Werkstoffpaarung sondern auch von den Schmierverhältnissen (Feuchtigkeit des Schneidwerkstoffs, Schmierfilm auf der Schneide), der Flächenpressung und der Gleitgeschwindigkeit abhängig sind. Kann eine grobe Näherungsrechnung mit Hilfe geschätzter Reibungskoeffizienten nicht akzeptiert werden, so werden etwas aufwendige Versuchsanordnungen für die Bestimmung der Reibungskoeffizienten erforderlich. Der Versuchsaufbau muß es ermöglichen, die senkrecht auf die Flächen (Schneidenfläche, hohle Seite in unmittelbarer Nähe der Schneidenkante und Halbmond) wirkenden Kräfte S_2, S_y (Abb. 3 b) und H_y (Abb. 1 b) sowie die parallel zu den Flächen wirkenden Reibkräfte S_1, $S_{x,1}$ und H_x zu messen. Der Versuch zur Ermittlung des Reibungskoeffizienten μ_S zwischen den beiden Schneiden kann beispielsweise so durchgeführt werden, daß nach der Demontage der Schere der Unterbeck in einer Vorrichtung eingespannt wird. Dabei muß der Unterbeck so ausgerichtet werden, daß sich beim Drehen der Einspannvorrichtung um die Schraubenachse der Schere die Schneidenkante in einer horizontalen Ebene bewegt. Weiterhin wird der Oberbeck so in eine Ziehvorrichtung gespannt, daß die Schneidenkante des Oberbecks bei waagerechter Haltung der Ziehvorrichtung die gleiche Stellung gegenüber dem Unterbeck wie bei der montierten Schere hat. Zunächst wird mit dieser Versuchsanordnung erreicht, daß die hohlen Seiten und damit die schmalen Berührungsflächen zwischen den Schneiden die gleiche Stellung zueinander haben wie bei der montierten Schere. Weiter kann durch das waagerechte Ausrichten die senkrecht auf der Berührungsfläche wirkende Kraft S_y mit Hilfe von Gewichten aufgebracht werden. An der Ziehvorrichtung muß eine Kraftmessung vorgesehen werden, mit der die horizontal wirkende Kraft bzw. Reibkraft $S_{x,1}$ gemessen werden kann. Nun wird die Ziehvorrichtung mit dem Oberbeck so auf das Unterbeck gelegt, daß sich die beiden Becke nur an der Schneide berühren und so aufeinander liegen, als seien sie durch die Schraube miteinander verbunden. Nach einer beliebigen Gewichtsbelastung des Oberbecks, die genau über dem Berührungspunkt zwischen den beiden Schneiden angebracht werden muß, wird solange in Schneidrichtung des Oberbecks an der Ziehvorrichtung gezogen, bis der Oberbeck über dem Unterbeck zu gleiten beginnt. Die in diesem Augenblick gemessene Zugkraft an der Ziehvorrichtung ist die Reibkraft $S_{x,1}$. Nun kann mit Hilfe von S_y = Gewichtsbelastung + Eigengewicht des Oberbecks der Reibungskoeffizient (Haftreibung) zwischen den beiden Schneiden errechnet werden zu

$$\mu_S = \frac{S_{x,1}}{S_y} \qquad (20)$$

Für den Halbmond kann der Reibungskoeffizient mit der gleichen Vorrichtung in ähnlicher Weise ermittelt werden. Hier gilt die Beziehung

$$\mu_H = \frac{H_x}{H_y} \qquad (21)$$

Es ist zu erwarten, daß die Reibungskoeffizienten μ_S und μ_H trotz der etwas unterschiedlichen Wärmebehandlung der Scherenbecke an der Schneide und am Halbmond nahezu gleich sind, da vor allem die gleichen Werkstoffpaarungen vorliegen.

Der Reibungskoeffizient zwischen dem Schneidwerkstoff und der Scherenschneide kann ebenfalls nach dem bereits besprochenen Prinzip gefunden werden. Nur muß hier der Oberbeck so in die Ziehvorrichtung gespannt werden, daß die Schneidenfläche bei horizontaler Lage der Ziehvorrichtung parallel zu dem waagerecht liegenden Schneidwerkstoff liegt. Damit die Schneidenkante beim Ziehen nicht in den Schneidwerkstoff schneidet, ist es zweckmäßig, den Oberbeck so einzuspannen, daß die Schneidenkante entgegengesetzt zur Ziehrichtung zeigt. Aus der gemessenen Reibkraft S_1 und der senkrecht auf der Schneidenfläche stehenden Kraft S_2 (Abb. 3 b), die sich aus der Gewichtsbelastung des Oberbecks plus dem Eigengewicht des Oberbecks ergibt, erhält man den Reibungskoeffizienten (Haftreibung) zwischen Schneide und Schneidwerkstoff zu

$$\mu_{SW} = \frac{S_1}{S_2} \qquad (22)$$

Die vorstehenden Ausführungen beziehen sich ganz allgemein auf die an einer schneidenden Schere auftretenden Kräfte. Sind jedoch nur die bei der leerschließenden Schere - also ohne Schneiden eines Werkstoffs - wirkenden Kräfte von Interesse, so vereinfachen sich die aufgeführten Gleichungen, da die Schnittkraft $S_{x,2}$ (Abb. 3 c) gleich Null wird. Wenn man noch die Annahme macht, daß die Reibungskoeffizienten an der Schneide μ_S und am Halbmond μ_H nahezu gleich groß sind ($\mu_S = \mu_H = \mu$), so ergeben sich aus den Gl. (12) bis (19) bei der leerschließenden Schere für die verschiedenen Kräfte die folgenden Beziehungen:

$$H_x = \frac{F_x \cdot c}{2 \cdot b} \qquad (12\ a)$$

$$H_y = \frac{F_x \cdot c}{2\,\mu \cdot b} \qquad (13\ a)$$

$$S_y = S_{y,1} = \frac{F_x \cdot c}{2\,\mu \cdot a} \qquad (14\ a\ bzw.\ 17\ a)$$

$$S_x = S_{x,1} = \frac{F_x \cdot c}{2a} \qquad (15\ a\ bzw.\ 16\ a)$$

$$N_y = \frac{F_x \cdot c}{2\,\mu} \left(\frac{1}{a} + \frac{1}{b}\right) \qquad (18\ a)$$

$$N_x = F_x \cdot c \left[\frac{1}{2}\left(\frac{1}{a} - \frac{1}{b}\right) + \frac{1}{c}\right] \qquad (19\ a)$$

Geht man davon aus, daß ein Werkstoff geschnitten werden soll, dann müssen zwei Voraussetzungen erfüllt sein, damit die Scherenschneiden beim Schließen der Schere überhaupt in den Schneidwerkstoff eindringen - abgesehen davon, daß ein für die Schere geeigneter Schneidwerkstoff vorliegt. Die erste Voraussetzung ist, daß die Anpreßkraft S_y eine bestimmte Größe erreicht, damit der Schneidwerkstoff nicht zwischen die Schneiden gezogen wird. Dabei sorgt die Anpreßkraft $S_{y,1}$, die sich bei der Montage der Schere durch entsprechendes Anziehen der Schraube ergibt, dafür, daß bereits bei Schließbeginn bzw. Schneidbeginn die Scherenschneiden aufeinanderliegen. Während des Schneidens kommt dann zu der Anpreßkraft $S_{y,1}$ die weitere Anpreßkraft $S_{y,2}$ hinzu, so daß während des Schneidens die gesamte Anpreßkraft $S_{y,2}$ größer ist als beim Leerschließen der Schere.

Die zweite Voraussetzung, die für die Schneidfähigkeit der Schere gegeben sein muß, besteht darin, daß bei Schneidbeginn der halbe Öffnungswinkel $\alpha/2$ der Schere kleiner bzw. maximal gleich dem Reibungswinkel ρ sein muß (Abb. 4). Sobald $\alpha/2$ größer als ρ wird, dringen die Schneiden nicht in den Schneidwerkstoff ein. Der Schneidwerkstoff rutscht dann solange beim Schließen der Schere zur Scherenspitze hin, bis der Winkel $\alpha/2 = \rho$ geworden ist. Je kleiner der Reibungskoeffizient zwischen Schneide und Schneidwerkstoff in Längsrichtung der Schneide ist, um so kleiner ist mit Rücksicht darauf, daß $tg\,\rho = \mu_{SW,1}$ ist, der für die Schneidfähigkeit mögliche maximale Öffnungswinkel α. Der Reibungskoeffizient $\mu_{SW,1}$ hängt nun einerseits von der Art des Schneidwerkstoffs und andererseits von der Rauhigkeit der Schneide ab. Der Einfluß des Scherenwerkstoffs kann dabei vernachlässigt werden, sofern nur Stahlscheren berücksichtigt werden, da die verschiedenen Stahlqualitäten einen nur untergeordneten Einfluß auf den Reibungskoeffizienten haben.

2.2 Bisherige Prüfmethoden und Gesichtspunkte bei der Beurteilung der Schneideigenschaften

Die Prüfung der Schneideigenschaften von Scheren erfolgt bisher ausschließlich von Hand. Dabei stehen im allgemeinen drei Prüfungen im Vordergrund:

a) Bei der leerschließenden Schere - also ohne Schneidwerkstoff - soll die Anpressung zwischen den beiden Schneiden bei einem ausreichend großen Öffnungswinkel erfolgen. Damit wird erreicht, daß die Schere eine möglichst große Schneidlänge aufweist und daß weiterhin bei weit geöffneter Schere der Schneidvorgang ohne Hereinziehen oder Quetschen des Schneidwerkstoffs beginnen kann. Der Öffnungswinkel, bei dem die Anpressung der Schneiden beginnt, wird beispielsweise so ermittelt, daß der Scherenprüfer den Unterbeck senkrecht hält und die Schere soweit wie möglich durch Bewegung des Oberbecks öffnet. Da der Schwerpunkt des Becks nicht in der Schraubenachse, sondern auf der Augenseite liegt, dreht sich der Oberbeck nach dem Loslassen durch sein Eigengewicht um die Schraubenachse und die Schere schließt sich so weit wie es die Anpressung zwischen den Schneiden zuläßt. Je stärker nun die Anpressung zu Beginn des Schließvorgangs ist, um so weniger schließt sich die Schere und um so größer ist der dabei erhaltene Öffnungswinkel. Demgegenüber lassen andere Scherenprüfer den Oberbeck nicht zufallen, sondern schließen die Schere langsam - wobei ein seitliches Verschränken der Scherenbecke, das die Anpressung zwischen den Scherenschneiden erhöhen würde, vermieden wird - bis der erste Schließwiderstand auftritt, der gleichbedeutend ist mit dem ersten Auftreten der Anpreßkraft.

b) Die Schere soll beim Leerschließen möglichst gleichmäßig zu schließen sein, d. h., von einer Schere mit guten Schließeigenschaften wird erwartet, daß sie vom Schließbeginn bis zum Schließende ohne Haken und Klemmen "weich" geschlossen werden kann. Diese Prüfung wird so vorgenommen, daß der Scherenprüfer durch langsames Schließen der Schere den "Gang" bzw. die "Gängigkeit" kontrolliert.

c) Häufig wird auch eine Prüfung mit einem Schneidwerkstoff durchgeführt. Im allgemeinen wird Nesseltuch genommen, d. h., ein dünner, weicher grob gewebter Baumwollstoff. Das Nesseltuch wird ungefähr senkrecht zur Bewegungsrichtung der Schneiden lose zwischen die Scherenblätter gehalten. Beim Schließen der Schere soll das Nesseltuch möglichst glatt abgeschert werden, ohne zwischen die Schneiden gezogen zu werden.

Weitere Prüfverfahren, die gelegentlich angewandt werden, sind z. B. die Härteprüfung der Scherenblätter, die Prüfung der Oberflächenrauhigkeit, die Überprüfung der Zusammensetzung des Stahles und der Gefügeausbildung etc. Sie können nur bedingt für die Beurteilung der Schneideigenschaften herangezogen werden, da bisher keine näheren Angaben und Versuchsergebnisse über den Zusammenhang zwischen diesen Größen und den Schneideigenschaften vorliegen.

Alle bisher üblichen Prüfverfahren befassen sich in erster Linie mit der Ermittlung der Schneidfähigkeit neuer Scheren. Die Bestimmung der Schneidhaltigkeit, d. h., die Veränderung der Schneidfähigkeit mit zunehmendem Gebrauch der Schere, bleibt dagegen bei den Prüfungen weitgehend unberücksichtigt.

3. Vorrichtung zur Prüfung der Schneideigenschaften von Scheren

3.1 Kenngrößen für die Beurteilung der Schneideigenschaften

Sofern man die Schneideigenschaften einer Schere durch Messung von Kenngrößen erfassen will, sind die im folgenden aufgeführten Größen, die alle an einer leerschließenden Schere ermittelt werden können, zu berücksichtigen:

a) Die während des Schließens auftretende maximale Schließkraft. Sie ist ein Maß dafür, welcher höchste Kraftaufwand beim Schließen der Schere erforderlich wird.

b) Die Gleichmäßigkeit der Schließkraft über der gesamten Schließlänge. Diese Kenngröße berücksichtigt die gewünschte "Gängigkeit" bzw. Gleichmäßigkeit der Schließkraft beim Schließen der Schere. Je weniger die Schließkraft während des Schließens schwankt, als um so "gängiger" wird man eine solche Schere bezeichnen.

c) Der Öffnungswinkel, bei dem die Anpressung der Schneiden, und zwar ohne seitliches Verschränken der Scherenbecken, beginnt. Dieser Öffnungswinkel soll bei den weiteren Erörterungen als Hemmungswinkel bezeichnet werden. Je größer der Hemmungswinkel ist, um so größer ist die schneidende Länge einer Schere.

d) Die maximale, örtliche Schwankung der Schließkraft. Infolge der Schartigkeit einer oder beider Schneiden kann ein ruckartiges Schließen der Schere auftreten, das zu kurzzeitigen, örtlichen Schwankungen der Schließkraft führt. Die größte, über der gesamten Schließlänge örtliche und damit kurzzeitig auftretende Schließkraftschwankung kann als ein Maß für die Schartigkeit der Schneiden angesehen werden.

e) Die Verminderung der Schließkraft an der Scherenspitze. Bei einer Schere mit guten Schneideigenschaften muß die Schließkraft über der Schließlänge möglichst gleichmäßig verlaufen, wobei auch vor der Scherenspitze kein nennenswerter Abfall der Schließkraft auftreten darf, d. h., die Schere muß vom Schließbeginn bis zum Schließende den Schneidwerkstoff schneiden. Eine starke Verminderung der Schließkraft an der Scherenspitze wäre gleichbedeutend mit einer starken Verminderung der Anpreßkraft zwischen den beiden Schneiden an der Scherenspitze, so daß die Gefahr besteht, daß dort die Schere nicht mehr schneidet, sondern den Schneidwerkstoff zwischen die Scherenspitze zieht oder ihn zerreißt.

f) Die Schließarbeit bei einer Leerschließung. Diese Kenngröße gibt unabhängig vom Schneidwerkstoff an, welche Gesamtarbeit für das Schließen der Schere aufzuwenden ist. Eine zu hohe Schließarbeit kann dem Scherenbenutzer nicht zugemutet werden - wobei zu berücksichtigen ist, daß zu der Schließarbeit beim Schneiden eines Werkstoffs noch die Schneidarbeit hinzu kommt. Eine zu niedrige Schließarbeit kann andererseits auch nicht zugelassen werden, da die damit verbundene niedrige Anpressung dazu führen kann, daß die Schere nicht schneidet, sondern den Schneidwerkstoff zwischen die Scherenblätter zieht. Es muß also eine mittlere Schließarbeit angestrebt werden.

Die oben aufgeführten Kenngrößen gestatten eine weitgehende Beurteilung des Schneidverhaltens der Schere. Jedoch sagen sie noch nichts darüber aus, wie sich die Schneideigenschaften bei längerer Benutzung der Schere verändern. Vor allem an den reibenden Stellen der Schere (Halbmond, Schraube, Schneide) erfolgt mit zunehmendem Gebrauch eine Abnutzung. Diese Materialabtragungen sind in erster Linie die Ursache dafür, daß sich die Schneidfähigkeit der Schere im Gebrauch ändert. Um eine Aussage über die Schneidhaltigkeit, d. h. die Veränderung der Schneidfähigkeit mit zunehmender Benutzung der Schere, zu bekommen, können die bereits aufgeführten Kenngrößen herangezogen werden. Ermittelt man die Differenz zwischen den Kenngrößen der neuen Schere und den gleichen Kenngrößen nach einer bestimmten Anzahl von Scherenschließungen, so stellt diese Differenz ein Maß für die Abnutzung bzw. die Schneidhaltigkeit der Schere dar.

3.2 Arbeitsweise der Scheren-Prüfvorrichtung

In der Abb. 5 ist die Arbeitsweise der entwickelten Scheren-Prüfvorrichtung schematisch dargestellt. Die drehende Bewegung des Antriebsmotors wird über den Kurbelbetrieb 5, 6 in eine hin- und hergehende Bewegung der Stange 3 umgewandelt. Die geradlinige Führung der Stange 3 erfolgt dabei durch das Lager 4. Der Zapfen der Stange 3 greift in den Schlitz der am Oberbeck der Schere befestigten Führungsschiene 2. Auf diese Weise wird die Drehbewegung des Antriebs in ein Öffnen und Schließen der Schere umgewandelt. Die beim Schließen der Schere aufzuwendende Schließkraft wird von einer Kraftmeßdose, gegen deren Stempel 1 das Scherenauge des Unterbecks drückt, gemessen. Das einzige Auflager der Schere befindet sich in der Schraubenachse. Der Druckstempel 7, der in den Schlitz der Scherenschraube greift, drückt über die Schraube den Unterbeck auf die Scherenauflage 8.

Aus dem Aufbau der Scheren-Prüfvorrichtung ergibt sich, daß bei der Scherenprüfung in erster Linie der Oberbeck eine Drehbewegung um die Schraubenachse ausführt, während der Unterbeck nahezu in Ruhestellung bleibt. Ein Anschlag 9 soll verhindern, daß sich beim Öffnen der Schere der Unterbeck mitbewegt.

Die zwischen den Schneiden entstehende Kraft muß voll am Meßstempel 1 wirksam werden, daher darf nicht ein Anteil der Kraft durch Reibung zwischen dem Unterbeck und der Scherenauflage 8 übertragen werden. Die Scherenauflage ist daher so ausgeführt, daß sie sich um ihre Längsachse drehen kann. Die Scherenschraube ist fest in den Unterbeck eingeschraubt, so daß sie der Drehbewegung des Unterbecks folgt. Da die Drehbewegung des Unterbecks an keiner Stelle - abgesehen von dem Angriffspunkt des Meßstempels - behindert werden darf, um Fehlmessungen zu vermeiden, muß der Druckstempel 7 ebenso wie die Scherenauflage 8 um die Längsachse drehbar ausgelegt werden. Weiterhin muß der Druckstempel 7 so beschaffen sein, daß seine Schneide genau in den Schraubenschlitz paßt, da ein seitliches Überstehen aus dem Schraubenschlitz heraus die Bewegung des Oberbecks und somit das Schließen der Schere behindern würde.

Die Lagerung der Schere in der Schraubenachse ist mit einigen Schwierigkeiten verbunden. Einerseits ist eine ausreichende Anlage zwischen dem Unterbeck und dem Auflagestempel aufgrund der im allgemeinen gewölbten Gewerbefläche nur schwer zu erreichen, so daß horizontal auftretende Kräfte nur in kleinem Umfang übertragen werden können. Andererseits ist die Berührungsstelle zwischen der Schneide des Druckstempels und dem Schraubenschlitz für die Übertragung horizontal wirkender Kräfte auch nur wenig geeignet, da entsprechend der Richtung der Horizontalkraft die Schneide aus dem Schraubenschlitz herausrutschen kann. Eine Verbesserung der Übertragungsmöglichkeit für die Horizontalkräfte wäre dadurch möglich, daß man die senkrecht im Druckstempel wirkende Kraft erhöht, was eine Erhöhung der an der Auflagerstelle entstehenden, horizontal wirkenden Reibkraft zur Folge hätte. Diese Möglichkeit kann aber nur begrenzt ausgenutzt werden, weil dadurch elastische Formänderungen an der Schraube auftreten können, die das Schließverhalten der Schere verändern. Wegen der Forderung nach fehlerfreier meßtechnischer Erfassung der Schließkraft, die eine unbehinderte Drehbewegung der Scherenbecken bedingt, kann jedoch nur eine Lagerung in der Schraubenlängsachse in Frage kommen. Damit können die oben genannten Schwierigkeiten leider grundsätzlich nicht ganz vermieden werden.

Aus der Abb. 5 erkennt man weiter, daß bei geschlossener Schere die Stange 3 nahezu senkrecht zum Führungsschlitz der Schiene 2 steht, d. h., in dieser Stellung der Schere ergibt die an der Schiene 2 angreifende Kraft keine Komponente in Richtung der Scherenauflage 7, 8. Da außerdem die Achse der Antriebsstange 3 und die Achse des Meßstempels 1 in einer Linie liegen, entstehen bei geschlossener Schere an der Scherenauflage 7, 8 praktisch keine Horizontalkräfte. Anders ist es jedoch bei geöffneter Schere. Mit größer werdendem Öffnungswinkel der Schere steigt auch der Winkel zwischen der Richtung der senkrecht am Führungsschlitz angreifenden Kraft und der Achse der Stange 3. Dadurch entsteht eine Kraftkomponente, die senkrecht zur Achse des Meßstempels 1 gerichtet ist. Diese Kraftkomponente muß von der Scherenauflage 7, 8 aufgenommen werden.

Aus Schließkraftmessungen an einer großen Zahl von Scheren hat sich ergeben, daß im allgemeinen mit zunehmender Schließung die Schließkraft ansteigt. Andererseits zeigt sich nach den oben ausgeführten Erörterungen, daß mit zunehmender Schließung der Schere die von der Scherenauflage aufzunehmende horizontale Kraftkomponente abnimmt. Somit ist festzustellen, daß bei geöffneter Schere die Schließkraft relativ klein ist, während die senkrecht zur Achse des Meßstempels wirkende Kraftkomponente im Verhältnis zu der in Richtung des Meßstempels wirkenden Kraftkomponente relativ groß ist. Dagegen ist bei der nahezu geschlossenen Schere die Schließkraft groß und die senkrecht auf die Achse des Meßstempels wirkende Kraftkomponente der Antriebskraft geht gegen Null. Aus dem gegenläufigen Einfluß von Schließkraft und senkrecht zur Meßstempelachse wirkenden Kraftkomponente der Antriebskraft auf die an der Scherenauflage entstehende Horizontalkraft ist zu ersehen, daß die Horizontalkraft an der Scherenauflage weitaus niedriger bleibt als die maximale Schließkraft, die vom Meßstempel übertragen wird. Da nach den bisherigen Messungen keine Schließkräfte über 1000 p festgestellt werden konnten, kann davon ausgegangen werden, daß an der Scherenauflage nur relativ niedrige Horizontalkräfte wirksam werden. Aus diesem Grund reicht die in der Abb. 5 schematisch dargestellte Scherenlagerung für die hier entstehenden Meßvorgänge vollkommen aus, obwohl sie im Prinzip für die Übertragung von Horizontalkräften wenig geeignet ist.

Eine Erhöhung bzw. Verminderung der Schließkraft kann dann auftreten, wenn der Oberbeck beim Schließen der Schere um seine Längsachse gedreht bzw. gekippt wird. Dieses Kippen des Oberbecks um seine Längsachse entsteht, wenn der Angriffspunkt der Kraft an der Schiene 2 (Abb. 5) nicht in der gleichen Ebene wie der Drehpunkt des Oberbecks um die Schraubenachse liegt. Das dabei entstehende Drehmoment, das zum Kippen des Oberbecks führt, ergibt sich aus dem Höhenunterschied zwischen dem Drehpunkt des Oberbecks und dem Angriffspunkt der Antriebskraft an der Schiene multipliziert mit der Größe der Antriebskraft. Um eine Beeinflussung der Schließkraft durch die Lage des Angriffspunktes der Antriebskraft zu vermeiden, wurde die Schiene 2 so ausgeführt, daß die Berührungsstelle zwischen dem Zapfen der Stange 3 und dem Führungsschlitz in der Schiene 2 in der gleichen Höhe liegt wie der Drehpunkt des Oberbecks um die Schraubenachse.

Der Einfluß des Eigengewichts der Schere auf die Messung der Schließkraft konnte am besten dadurch vermindert werden, daß die Schere an der Schraube horizontal gelagert wurde. Da der Schwerpunkt der Schere nicht in der Schraubenachse, sondern vielfach mehr in Richtung des Scherenauges liegt, kann bei der horizontal gelagerten Schere durch diese Schwerpunktlage aufgrund der Hebelwirkung um die Schraube eine Verminderung der Schließkraft auftreten, weil die Scherenblätter dann weniger stark aufeinander gedrückt werden. Ursprünglich wurde der Schwerpunkt mit Hilfe eines über der Schraube gelagerten Hebels und eines Gegengewichts in die Schraubenachse verlegt, so daß keine Beeinflussung durch das Eigengewicht erfolgte. Bei den Versuchen zeigte sich aber, daß der Einfluß der Schwerpunktlage auf die Schließkraft vernachlässigbar klein ist, so daß das Scheren-Prüfgerät ohne Korrektur der Schwerpunktlage ausgeführt wurde.

Um mit dem Scheren-Prüfgerät Scheren verschiedenster Größe prüfen zu können, wurde eine entsprechende Verstellung vorgesehen. Neben der Hubeinstellung des Kurbeltriebs wurden dabei die Scherenlagerung an der Schraube sowie die Bauteile für die Kraftübertragung vom Scherenauge auf den Stempel der Kraftmeßdose einstellbar ausgelegt.

Die oben aufgeführte, für die Prüfung von Scheren verschiedenster Größe erforderliche Hubverstellung hat jedoch zur Folge, daß sich durch die damit verbundene Veränderung des Kurbelradius am Antrieb bei gleicher Drehzahl auch die Schließ- bzw. Öffnungsgeschwindigkeit der Schere ändert. So würden bei konstant gehaltener Drehzahl mit größer werdenden Scheren die Schließ- bzw. Öffnungsgeschwindigkeiten ansteigen. Daraus ergeben sich bei der Bestimmung der Schneideigenschaften unterschiedliche Prüfbedingungen für verschieden große Scheren, so daß die Prüfungsergebnisse nicht miteinander verglichen werden könnten. Aus diesem Grund wurde der Antrieb mit einer kontinuierlich verstellbaren Drehzahleinstellung ausgestattet. Dadurch kann bei verschieden großen Scheren die gleiche Schließ- bzw. Öffnungsgeschwindigkeit in Abhängigkeit von der Schließstellung erreicht werden.

Im folgenden sollen die Bestimmung der Schließ- bzw. Öffnungsgeschwindigkeit sowie der Zusammenhang zwischen der Drehzahl und dem Kurbelradius bzw. der Scherengröße besprochen werden.

Für die Registrierung der mit dem Scheren-Prüfgerät gemessenen Schließkraft wird ein Linienschreiber benutzt, dessen maximale Vorschubgeschwindigkeit 74 000 mm/h beträgt. Um die Veränderung der Schließkraft in Abhängigkeit von der Schließstellung hinreichend genau auswerten zu können, ist mindestens eine Schrieblänge von 140 mm notwendig. Aus der maximalen Vorschubgeschwindigkeit und der geforderten Schrieblänge ergibt sich eine Schließzeit der Schere von 6,8 s. Unter Berücksichtigung der Öffnungszeit, die hier gleich der Schließzeit ist, wird die Schließ- und Öffnungsfrequenz $f = 1/13,6 = 0,0735\ s^{-1}$. Daraus ergibt sich die Drahzahl zu $n = 60 \cdot f = 4,41$ U/min. Soll die Schrieblänge nicht kleiner werden als 140 mm, so darf also die Drehzahl 4,41 U/min nicht überschreiten.

Die Geschwindigkeit der geradlinig bewegten Stange eines Kurbeltriebs beträgt

$$c = \frac{r \cdot n \cdot \pi}{30} (\sin\varphi + 0,5\ \lambda \cdot \sin 2\varphi) \qquad (23)$$

Darin ist r = Kurbelradius, n = Drehzahl, λ = Schubstangenverhältnis ($\lambda = r/l$, l = Schubstangenlänge) und φ = Kurbelwinkel.

Aus der Gl. (23) kann die Geschwindigkeit der Stange 3 (Abb. 5) errechnet werden. Diese Geschwindigkeit wird gleichzeitig als Schließ- bzw. Öffnungsgeschwindigkeit der Schere definiert. Bei kleinen Scheren (z. B. Nagelscheren) ist für das Öffnen und Schließen ein Hub der Stange von 50 mm ausreichend, so daß hier ein Kurbelradius von 25 mm zu wählen ist. Zusammen mit der gewählten Schubstangenlänge von 250 mm ergibt sich das Schubstangenverhältnis zu $\lambda = 0,10$. Durch Einsetzen der vorgenannten Größen in die Gl. (23) ergibt sich die in der Abb. 6 wiedergegebene Abhängigkeit zwischen der Schließ- bzw. Öffnungsgeschwindigkeit und dem Kurbelwinkel für den Kurbelradius r = 25 mm und die Drehzahl n = 4,41 U/min.

Durch Umformen erhält man aus der Gl. (23) für die Drehzahl

$$n = \frac{30 \cdot c}{\pi \cdot r (\sin\varphi + 0,5 \cdot \lambda \cdot \sin 2\varphi)} \qquad (24)$$

Die Geschwindigkeitskurve für r = 25 mm (Abb. 6) wurde der weiteren Berechnung zugrunde gelegt, d.h., es wurde versucht, bei größeren Kurbelradien (größere Scheren) durch Änderung der Drehzahl den gleichen Geschwindigkeitsverlauf in Abhängigkeit vom Kurbelwinkel zu erreichen, wie er für r = 25 mm festgelegt wurde. Daher wurden die Geschwindigkeiten für r = 25 mm der Abb. 6 entnommen und zusammen mit verschiedenen Kurbelradien, und zwar bis 65 mm, in die Gl. (24) eingesetzt. Dabei ergeben sich bei konstantem Kurbelradius für größer werdende Kurbelwinkel etwas ansteigende Drehzahlen. Der Mittelwert der Drehzahlen wurde in Abhängigkeit vom Kurbelradius in der Abb. 7 aufgetragen. Um den Geschwindigkeitsverlauf bei verschiedenen Kurbelradien zu kontrollieren, wurden die Werte für die Drehzahl und den Kurbelradius der Abb. 7 entnommen und in die Gl. (23) eingesetzt. Für r = 65 mm und n = 1,64 U/min wurden die so ermittelten Geschwindigkeitswerte in die Abb. 6 eingetragen. Bei den Kurbelradien zwischen 25 mm und 65 mm liegen die Geschwindigkeiten zwischen den Werten, die in der Abb. 6 aufgetragen sind, d.h., der ausgezogene Kurvenzug stellt den mittleren Geschwindigkeitsverlauf in Abhängigkeit vom

Kurbelwinkel dar, der sich bei Kurbelradien von 25 mm bis 65 mm und bei Drehzahlen von 4,41 U/min bis 1,64 U/min ergibt. Dieser Geschwindigkeitsverlauf wird bei den verschiedensten Scherengrößen dann erreicht, wenn die Drehzahl nach Abb. 7 eingestellt wird, wobei der Kurbelradius dem halben Schließ- bzw. Öffnungshub entspricht.

3.3 Entnahme verschiedener Schneideigenschafts-Kenngrößen aus der Schließkraft-Schließzeit-Kurve

Die von dem Scheren-Prüfgerät gemessenen Werte der Schließkraft werden von einem Linienschreiber als Schließkraft-Schließzeit-Kurve registriert. Aus dieser Kurve kann nicht unmittelbar die Zuordnung zwischen der Schließstellung der Schere und der an dieser Stelle auftretenden Schließkraft gefunden werden. Daher muß zunächst der Zusammenhang zwischen der Schließzeit und der dazugehörenden Schließstellung bekannt sein.

Die Definition der bei den folgenden Erörterungen benutzten Größen an der Schere ist aus der Abb. 8 zu ersehen. In Abhängigkeit vom Schließweg x ergeben sich die Schließstellung a und der entsprechende Öffnungswinkel α. Der gesamte Schließweg ergibt sich aus dem doppelten Kurbelradius, der am Antrieb für die Scherenschließung eingestellt wird. Steht der Kurbeltrieb im hinteren Totpunkt, so ist der Schließweg x = 0 und die Schließstellung a am kleinsten, d.h., die Schere ist am weitesten geöffnet. Hat der Kurbeltrieb den vorderen Totpunkt erreicht, so ist die Schere völlig geschlossen und für den Schließweg gilt x = 2r.

Zur Berechnung des Schließwegs x kann die Beziehung für den Kolbenweg des Kurbeltriebs herangezogen werden:

$$x = r\left[(1 - \cos\varphi) + 0,5 \cdot \lambda \sin^2\varphi\right] \qquad (25)$$

In der Gl. (25) bedeuten r = Kurbelradius, φ = Kurbelwinkel, λ = Schubstangenverhältnis ($\lambda = r/l$, mit l = Schubstangenlänge). Mit Hilfe der Beziehungen $\varphi = \omega \cdot t$, $\omega = n \cdot \pi /30$ und $\varphi^o = 360 \cdot \hat{\varphi}/2\pi$ ergibt sich

$$\varphi^o = 6 \cdot n \cdot t \qquad (26)$$

Durch Einsetzen der Gl. (26) in die Gl. (25) erhält man eine Gleichung, aus der der Schließweg x in Abhängigkeit von der Schließzeit t errechnet werden kann. Die einzusetzende Drehzahl n kann der Abb. 7 bei dem entsprechenden, von der Scherengröße abhängigen Kurbelradius r entnommen werden. Die Schubstangenlänge beträgt l = 250 mm. Der sich mit den Gl. (25) und (26) ergebende Schließweg x ist in der Abb. 9 für die Kurbelradien von 25 mm bis 65 mm in Abhängigkeit von der Schließzeit t aufgetragen. Mit zunehmendem Kurbelradius steigt auch die gesamte Schließzeit an (Endpunkt der Schließweg-Kurven in der Abb. 9), weil mit größer werdendem Kurbelradius die Drehzahl abnehmen muß (Abb. 7), wenn die gleiche Abhängigkeit zwischen der Schließgeschwindigkeit und der Schließstellung gefordert wird, d.h., die Scheren unabhängig von ihrer Größe mit einer gleichen, mittleren Schließgeschwindigkeit geschlossen werden.

Da letzten Endes für die Auswertung der Schließkraft-Schließzeit-Kurve, die vom Linienschreiber registriert wird, der Zusammenhang zwischen der Schließstellung a und der Schließzeit t interessiert, muß dieser Zusammenhang bei den verschiedenen Scherentypen und -größen unter Zuhilfenahme der Abb. 9 bestimmt werden. Dabei wird so vorgegangen, daß an der in dem Scherenprüfgerät eingespannten Schere die Schließwege x, die sich bei den verschiedenen Schließzeiten t entsprechend der Abb. 9 ergeben, eingestellt werden. Danach können an der Schere bei jeder Schließwegeinstellung die Schließstellung a und der Öffnungswinkel α (Abb. 8) ausgemessen werden. Für eine 160 mm-Haushaltschere ergibt sich bei der Einstellung eines Kurbelradius von 45 mm die in der Abb. 10 wiedergegebene Abhängigkeit zwischen der Schließstellung a, dem Öffnungswinkel α und der Schließzeit t. Somit kann bei einer 160 mm-Haushaltschere mit Hilfe der Abb. 10 und der mit dem Scheren-Prüfgerät gemessenen und vom Linienschreiber registrierten Schließkraft-Schließzeit-Kurve bestimmt werden, wie groß die Schließkraft bei den verschiedenen Schließstellungen der Schere ist.

Nachdem der Zusammenhang zwischen der Schließzeit und der Schließstellung der Schere bekannt ist, können die Kenngrößen für die Schneideigenschaften aus der Schließkraft-Schließzeit-Kurve entnommen werden. Zunächst wird durch die vom Linienschreiber registrierte Schließkraft-Schließzeit-Kurve eine mittlere Schließkraftkurve gelegt, die die kurzzeitigen Schwankungen der Schließkraft nicht berücksichtigt (Abb. 11). Nunmehr kann die maximale Schließkraft F_{max} bestimmt werden. Da der Hemmungswinkel der Öffnungswinkel der Schere ist, bei dem die Schließkraft größer Null wird, kann dieser Hemmungswinkel mit Hilfe der Abb. 10, die den Zusammenhang zwischen dem Öffnungswinkel und der Schließzeit wiedergibt, aus der Schließkraft-Schließzeit-Kurve ermittelt werden. Die kurzzeitigen Schwankungen der Schließkraft stellen die Abweichungen der Schließkraft-Schließzeit-Kurve von der mittleren Schließkraftkurve dar. Daher ergibt sich die maximale, kurzzeitige Schließkraftschwankung F_s aus der größten Abweichung zwischen der Schließkraft-Schließzeit-Kurve und der mittleren Schließkraftkurve. Über die Gleichmäßigkeit des Schließkraftverlaufs l_g kann eine Aussage gefunden werden, wenn man der mittleren Schließkraftkurve entnimmt, in welchem Bereich der Schließstellung ein bestimmter Schließkraftbereich nicht überschritten wird. Dieser Schließkraftbereich wurde mit 100 p festgelegt. Zieht man im Abstand 100 p von der maximalen Schließkraft F_{max} eine Parallele zur Abszisse (Abb. 11), so stellt der Abstand l_g zwischen den beiden Schnittpunkten der Parallelen mit der mittleren Schließkraftkurve ein Maß für die Gleichmäßigkeit des Schließkraftverlaufs dar. Weiterhin kann aus dem Abstand zwischen dem Ende der Schließkraftkurve und dem nächstgelegenen Schnittpunkt zwischen der Schließkraftkurve und der Parallelen im Abstand von 100 p auf den Abfall der Schließkraft vor der Scherenspitze l_s geschlossen werden. So ist beispielsweise ein großer Wert für l_s gleichbedeutend mit einem relativ vorzeitigen Abfall der Schließkraft, d. h., die Schließkraft vermindert sich bereits bei einer Schließstellung, die noch weit von der der geschlossenen Schere entfernt liegt. Sowohl bei der Gleichmäßigkeit des Schließkraftverlaufs l_g als auch bei dem Abfall der Schließkraft vor der Scherenspitze l_s muß bei der Ermittlung aus der Schließkraft-Schließzeit-Kurve berücksichtigt werden, daß beide Kenngrößen Längen und nicht Zeiten darstellen. Es muß also eine Umrechnung mit Hilfe der Beziehung zwischen der Schließzeit und der Schließstellung (Abb. 10) durchgeführt werden. Als weitere Kenngröße für die Beurteilung der Schneideigenschaften einer Schere kann die Schließarbeit W angesehen werden. Darunter ist die beim Schließen aufzuwendende Gesamtarbeit zu verstehen. Die Schließarbeit W kann ebenfalls aus der Schließkraft-Schließzeit-Kurve gefunden werden, und zwar durch Ausplanimetrieren der Fläche zwischen der mittleren Schließkraftkurve und der Abszisse. Wird dieser Wert durch die gesamte Schließzeit dividiert, so erhält man die mittlere Schließkraft, die während des Schließens aufgebracht werden muß. Durch Multiplikation der mittleren Schließkraft mit der Länge des Schließwegs x, bei der die Schließkraft größer Null ist, ergibt sich die beim Schließen der Schere aufzuwendende Schließarbeit W.

Der für die Berechnung der Schließarbeit W erforderliche Schließweg x kann dadurch gefunden werden, daß der zu der Schließzeit t, und zwar innerhalb des Bereiches in dem die Schließkraft größer Null ist, gehörende Schließweg x aus der Abb. 9 entnommen wird.

Die bisher besprochenen Kenngrößen für die Beurteilung der Schneideigenschaften von Scheren beziehen sich in erster Linie auf die Schneidfähigkeit. Die Schneidhaltigkeit, d. h. die Verminderung der Schneidfähigkeit mit zunehmendem Gebrauch der Schere, muß jedoch neben der Schneidfähigkeit bei der Beurteilung der Schneideigenschaften unbedingt mit berücksichtigt werden. Die Schneidhaltigkeit ist nun in erster Linie abhängig von den Abnutzungserscheinungen an den aufeinander gleitenden Scherenteilen, wie Schneide, Halbmond und Schraube bzw. Schraubenbohrung. Die Beurteilung der Schneidhaltigkeit kann am besten dadurch erfolgen, daß nach einer großen Zahl von Schließungen, beispielsweise nach 20 000 Schließungen, ermittelt wird, wie sich die maximale Schließkraft, die Gleichmäßigkeit des Schließkraftverlaufs und der Hemmungswinkel verändert haben.

Als Beispiel für die Bestimmung der Schneideigenschafts-Kenngrößen sollen die Kenngrößen bei zwei 160 mm-Haushaltscheren wiedergegeben werden. Wegen der verbesserten Anschaulichkeit wurden die Schließkraftwerte in der Abb. 12 und der Abb. 13 nicht in Abhängigkeit von der Schließzeit, sondern in Abhängigkeit von der Schließstellung aufgetragen. Die Schließkraft-Schließstellungs-Kurven ergaben sich aus den vom Linienschreiber registrierten Schließkraft-Schließzeit-Kurven nach der Eintragung einer mittleren Schließkraftkurve. Daher sind auch aus der Abb. 12 und der Abb. 13 die kurzzeitigen Schließkraftschwankungen nicht zu ersehen. Neben den Schließkraft-Schließstellungs-Kurven der neuen Schere (1 Schließung) sind in der Abb. 12 und der Abb. 13 auch die Schließkraft-Schließstellungs-Kurven nach 20 000 und 60 000 Schließungen aufgetragen. Nach jeweils 20 000 Schließungen der Schere ohne Kraftmessung wurden jeweils 10 Schließungen mit Kraftmessung (Meßschließungen) vorgenommen. Bei den Schließungen handelt es sich um Leerschließungen, d. h., es wurde kein Schneidwerkstoff zerschnitten. Die Schließungen ohne Kraftmessung wurden dabei schneller als die Meßschließungen vorgenommen, und zwar erfolgte je Sekunde ein Öffnen und Schließen der Schere.

Die Schere, deren Schließkraft-Schließstellungs-Kurve in der Abb. 12 wiedergegeben ist, zeigt im neuen Zustand (nach 1 Schließung) relativ gute Schließeigenschaften. Diese Schere hat gegenüber der anderen Schere, deren Schließkraft-Schließstellungs-Kurve aus der Abb. 13 zu ersehen ist, nach Tab. 1 eine niedrigere maximale kurzzeitige Schließkraftschwankung und eine größere Gleichmäßigkeit des Schließkraftverlaufs. Die maximale, kurzzeitige Schließkraftschwankung kann der Abb. 12 und der Abb. 13 nicht entnommen werden, da hier nur die mittlere Schließkraft in Abhängigkeit von der Schließstellung aufgetragen ist. Der in der Tab. 1 angegebene Wert für die maximale kurzzeitige Schließkraftschwankung wurde aus der Schließkraft-Schließzeit-Kurve ermittelt. Obwohl die maximale Schließkraft, der Hemmungswinkel und der Abfall der Schließkraft vor der Scherenspitze bei beiden Scheren nahezu gleich sind, kann vor allem aufgrund der niedrigen Gleichmäßigkeit des Schließkraftverlaufs bei der zu der Abb. 13 gehörenden Schere von einer relativ schlechten Schneidfähigkeit gesprochen werden. Die Gleichmäßigkeit des Schließkraftverlaufs ist dabei im Hinblick auf die Beurteilung der Schneidfähigkeit von besonderer Wichtigkeit.

Tab. 1: Kenngrößen für die Schneidfähigkeit und die Schneidhaltigkeit bei zwei 160 mm-Haushaltscheren

Schere zu Abb.	Schneidfähigkeit (neue Schere)						Schneidhaltigkeit (20 000 Schließungen)		
	F_{max} (p)	F_s (p)	α (^{o})	l_g (mm)	l_s (mm)	W (cmp)	ΔF_{max} (%)	Δl_g (%)	$\Delta\alpha$ (%)
12	780	265	46	40	1	3970	17	55	35
13	775	530	44	15	0	2390	85	40	59

F_{max} - maximale Schließkraft

F_s - maximale, kurzzeitige Schließkraftschwankung

α - Hemmungswinkel

l_g - Gleichmäßigkeit des Schließkraftverlaufs

l_s - Abfall der Schließkraft vor der Scherenspitze

W - Schließarbeit

ΔF_{max} - Verminderung der maximalen Schließkraft

Δl_g - Verminderung der Gleichmäßigkeit des Schließkraftverlaufs

$\Delta\alpha$ - Verminderung des Hemmungswinkels

(jeweils: nach 20 000 Schließungen)

Weiterhin ist aus der Tab. 1 die den Abb. 12 und 13 entnommene Verminderung der maximalen Schließkraft und der Gleichmäßigkeit des Schließkraftverlaufs sowie die Verminderung des Hemmungswinkels nach 20 000 Schließungen zu ersehen. Dabei wurden die Differenzen in Prozenten des jeweiligen Anfangswertes bei der neuen Schere ausgedrückt. Vergleicht man die Schließkraft-Schließstellungs-Kurven der Abb. 12 mit denen der Abb. 13, so zeigt sich, daß die Schließkraft-Schließstellungs-Kurve der Abb. 13 nach 20 000 Schließungen erst bei der Schließstellung von 68 mm beginnt und nur 110 p erreicht, während die Schließkraft-Schließstellungs-Kurve der Abb. 12 bereits bei der Schließstellung von 24 mm beginnt und 650 p erreicht. Die starke Abnahme der Schließkraft in der Abb. 13 führt dazu, daß in der Tab. 1 für die zu der Abb. 13 gehörenden Schere große Werte für die Verminderung der maximalen Schließkraft und die Verminderung des Hemmungswinkels auftreten. Daraus kann geschlossen werden, daß die Schneidhaltigkeit dieser Schere aufgrund von erhöhten Abnutzungserscheinungen relativ schlecht ist. Daß die Verminderung der Gleichmäßigkeit des Schließkraftverlaufs bei dieser Schere nur klein ist, beruht darauf, daß die Schere bereits im neuen Zustand eine sehr niedrige Gleichmäßigkeit des Schließkraftverlaufs aufweist.

Nach den bisherigen Ausführungen können verschiedene Scheren-Kenngrößen, die über die Schneidfähigkeit und die Schneidhaltigkeit der Schere aussagen, aus der Schließkraft-Schließzeit-Kurve, die mit Hilfe des Scheren-Prüfgerätes und des Linienschreibers erhalten wird, bestimmt werden. Eine Beurteilung der Schneidfähigkeit und der Schneidhaltigkeit durch Bewertungsnoten ist jedoch damit noch nicht möglich. Zu diesem Zweck sind Großzahlversuche geplant, bei denen jeweils Scheren der gleichen Größe und des gleichen Typs verschiedener Hersteller an mehrere Scheren-Sachverständige weitergereicht werden sollen. Diese Scheren-Sachverständigen müßten die Scheren von Hand prüfen und dabei verschiedene Scheren-Kenngrößen bewerten. Nachträglich werden mit dem Scheren-Prüfgerät die verschiedenen Kenngrößen derselben Scheren bestimmt. Anschließend kann die Abhängigkeit zwischen der von den Scheren-Sachverständigen gegebenen Bewertungsnote und den maschinell ermittelten Werten der Kenngrößen festgestellt werden. Erst dann ist eine praxisnahe, objektive Bewertung der Schneideigenschaften von Scheren durch ein meßtechnisches Verfahren möglich. Diese Aufgabe ist einem weiteren Forschungsvorhaben "Untersuchungen über den Zusammenhang zwischen den Schneideigenschaften von Scheren und den Werkstoffeigenschaften, der Oberflächenbearbeitung und dem Scherenaufbau sowie die Festlegung von Gütemerkmalen" überlassen.

3.4 Einfluß des Schneidwerkstoffs auf die Prüfungsergebnisse

Bei den bisher besprochenen Versuchen erfolgte die Prüfung der Schneidhaltigkeit dadurch, daß nach einer bestimmten Anzahl von Leerschnitten, d. h., Scherenschließungen ohne Trennung von Schneidwerkstoff, die Veränderung der Schliekraft-Schließstellungs-Kurve gegenüber dem Ausgangszustand bei der neuen, unbenutzten Schere ausgewertet wurde. Im folgenden sollen Versuche erörtert werden, bei denen die Abnutzung der neuen Schere durch Schneiden von Papier und Kunststoff vorgenommen wurde. Das Papier hatte eine Dicke von 0, 08 mm, es lag im ungeleimten, nicht holzfreien Zustand vor. Als Kunststoff wurde eine 0, 07 mm dicke Polyterephthalsäureester-Folie benutzt. Die Breite des Papier- bzw. Kunststoffbandes wurde so gewählt, daß die Scheren über der gesamten Schließlänge den Schneidwerkstoff schnitten. Der Schneidwerkstoff wurde der Schere in einer selbsttätig arbeitenden Vorrichtung zugeführt.

Um die Versuchsergebnisse beim Leer-, Papier- und Kunststoffschneiden miteinander vergleichen zu können, wurden sechs Scheren des gleichen Typs (160 mm-Haushaltschere) ausgewählt, deren Schließkraft-Schließstellungs-Kurve im neuen Zustand nahezu den gleichen Verlauf aufwiesen, so daß bei allen Scheren ungefähr der gleiche Ausgangszustand vorlag. Von diesen sechs Scheren wurden jeweils zwei durch Leer-, Papier- und Kunststoffschneiden abgenutzt. Aus der Abb. 14 ist zu erkennen, daß bei den drei Abnutzungsarten die maximale Schließkraft mit zunehmender Schnittzahl in gleicher Weise abfällt, wobei bis zu Schnittzahlen von ca. 40 000 die maximale Schließkraft stärker abnimmt als bei Schnittzahlen über ca. 40 000. Da sich die maximale Schließkraft mit steigender Schnittzahl unabhängig vom Schneidwerkstoff vermindert, muß daraus geschlossen werden, daß die Abnutzung der Schere nahezu unabhängig von dem zu schneidenden Werkstoff erfolgt, sofern die Schneidkräfte durch die Art des Schneidwerkstoffes nicht wesentlich erhöht werden. Die Abnutzung entsteht in erster Linie durch den metallischen Abrieb der aufeinander gleitenden Scherenteile, wie Schneide, Halbmond und Schraube bzw. Schraubenbohrung.

Nach der Gl. (1) (Kap. 2.1) erhöht sich die Anpreßkraft zwischen den beiden Schneiden, wenn ein Werkstoff geschnitten wird. Die erhöhte Anpreßkraft müßte eine vermehrte Abnutzung der Schneiden zur Folge haben, so daß beim Schneiden eines Werkstoffs gegenüber dem Leerschneiden eine verstärkte Abnahme der Schließkraft zu erwarten ist. Da sich jedoch nach den in der Abb. 14 wiedergegebenen Versuchsergebnissen diese Annahme nicht bestätigt, muß daraus geschlossen werden, daß beim Schneiden von ca. 0,08 mm dickem Kunststoff und von 0,08 mm dickem Papier die Anpreßkraft zwischen den beiden Schneiden nur unwesentlich erhöht wird, d.h., die bereits bei der leerschließenden Schere vorhandene Anpreßkraft ist weitaus größer als die durch den Schneidwerkstoff bedingte Zunahme der Anpreßkraft und bestimmt daher die Abnutzung an der Schneide.

Durch die Erhöhung der Anpreßkraft an der Schneide, die beim Schneiden eines Werkstoffs auftritt, steigen auch die Reibkräfte am Halbmond sowie die zwischen der Schraube und der Schraubenbohrung des Oberbecks. Aber auch hier ist entsprechend der Abb. 14 festzustellen, daß die Reibkräfte beim Schneiden eines Werkstoffs nur wenig ansteigen, denn sowohl beim Leerschneiden als auch beim Papier- und Kunststoffschneiden fällt die Schließkraft mit zunehmender Schnittzahl nahezu in gleicher Weise ab.

Die in der Abb. 14 aufgeführten Versuchsergebnisse führen zu der Schlußfolgerung, daß die Schneidhaltigkeit von Scheren, mit denen dünnes Papier und dünner Kunststoff geschnitten werden, aus der Veränderung der Schließkraft-Schließstellungs-Kurve mit steigender Schnittzahl auch beim Leerschließen ermittelt werden kann.

In einer weiteren Versuchsserie sollten die Unterschiede zwischen der Schließkraft, d.h., die Kraft beim Leerschließen, und der Schnittkraft beim Papier- und Kunststoffschneiden untersucht werden. Zu diesem Zweck wurde an den bereits erwähnten sechs Haushaltscheren, die aufgrund der ähnlichen Schließkraft-Schließstellungs-Kurven im gleichen Ausgangszustand vorlagen, nach den verschiedenen Schnittzahlen neben der Schließkraft auch die Schnittkraft, die für das Schneiden von 0,08 mm dickem Papier erforderlich ist, gemessen. Die dabei gefundenen Differenzen zwischen der maximalen Schnittkraft und der maximalen Schließkraft sind in der Abb. 15 über der Anzahl der Schnitte (Leerschließen, Papier- und Kunststoffschneiden) aufgetragen. Aus der Abb. 15 ergibt sich, daß bis zu einer Schnittzahl von ca. 40 000 die Schnittkraft kleiner und bei Schnittzahlen über ca. 40 000 die Schnittkraft geringfügig größer als die Schließkraft ist. Das gefundene Ergebnis kann wie folgt erklärt werden. Bei neuen, wenig abgenutzten Scheren haben sich die beiden Schneidenkanten noch nicht aufeinander abgerieben, so daß durch die vom Schleifen herrührenden Rauhigkeiten der Schneiden der Reibungskoeffizient für das Aufeinandergleiten der Schneiden groß ist. Dieser Reibungskoeffizient wird nun dadurch vermindert, daß beim Schneiden eines Werkstoffs abgescherte Teilchen zwischen die Schneiden gezogen werden. Auf diese Weise erklärt sich die Erscheinung, daß bei der wenig abgenutzten Schere die Schnittkraft kleiner als die Schließkraft ist. Bei mit erhöhter Schnittzahl größer werdender Abnutzung vermindert sich die Rauhigkeit an der Schneide, so daß die Schmierwirkung durch das Hereinziehen von Teilchen des Schneidwerkstoffs zwischen die Schneiden weniger in Erscheinung tritt. Bei Schnittzahlen über ca. 40 000 nimmt die Schnittkraft größere Werte an als die Schließkraft. Hier ist die Schließkraft soweit abgesunken (Abb. 14), daß sich das Schneiden von Papier in einer geringfügigen Erhöhung der Differenz zwischen der Schnittkraft und der Schließkraft äußert (Abb. 15). Die hier definierte Schnittkraft ergibt sich aus der Schließkraft zuzüglich einer Kraft für das Schneiden des Werkstoffs. Daher ist die Differenz zwischen der Schnittkraft und der Schließkraft gleichzeitig die Kraft, die zusätzlich für das Durchtrennen des Schneidwerkstoffs aufzubringen ist. So ergibt sich beispielsweise aus der Abb. 15 erst nach 80 000 Schnitten eine zusätzliche Kraft von nur 50 p für das Durchtrennen von 0, 08 mm dickem Papier, während die Schließkraft nach der Abb. 14 noch 350 p beträgt.

An den sechs Scheren, deren Versuchsergebnisse in der Abb. 14 und der Abb. 15 wiedergegeben sind, wurden weiterhin Untersuchungen durchgeführt, um festzustellen, ob nach 100 000 Papier- bzw. Kunststoffschnitten neben der flächenförmigen Abnutzung auf der hohlen Seite der Scherenblätter zusätzlich eine Abrundung der Schneidenkante entsteht. Eine solche Abrundung der Schneidenkante, die beim Schneiden von Werkstoff zunächst denkbar schien, müßte dazu führen, daß die aufzuwendende Kraft (Schnittkraft) weitaus höher wäre als die beim Leerschneiden erforderliche Kraft (Schließkraft), da die Abrundung der Schneidenkante die für das Durchtrennen des Schneidwerkstoffs notwendige Kraft erheblich ansteigen lassen würde. Es besteht aber auch die Möglichkeit, daß die Abrundung der Schneidenkante durch Abnutzung auf der hohlen Seite der Scherenblätter beseitigt wird und damit durch eine Art von Selbstanschärfung die Abrundung gar nicht erst in Erscheinung tritt. Die Überprüfung ergab, daß an allen Scheren, selbst nach der großen Schnittzahl von 100 000, kein Abrunden der Schneide beobachtet werden konnte, d. h., die Schneidenkanten blieben scharf. Dies Ergebnis deckt sich auch mit der Abb. 15 wonach die Schnittkraft die Schließkraft nur unbedeutend übersteigt. Daraus kann gefolgert werden, daß sich die Schere durch die Anpressung zwischen den Scherenblättern selbst anschärft und nicht stumpf wird. Die Schneidhaltigkeit einer Schere wird also nicht durch eine Abstumpfung der Schneiden beeinträchtigt, sondern ausschließlich durch die Abnutzung der aufeinander gleitenden Teile der Schere. Durch die dabei entstehenden Abnutzungserscheinungen an der Schneide, dem Halbmond und der Schraube bzw. der Schraubenbohrung wird die Anpressung zwischen den Schneiden vermindert. Mit zu stark abnehmender Anpreßkraft besteht dann die Möglichkeit, daß der Schneidwerkstoff zwischen die Schneiden gezogen wird, wodurch sich einerseits die aufzubringende Schnittkraft stark erhöht und andererseits der Schneidwerkstoff mehr gerissen als geschnitten wird bzw. bei völlig fehlender Anpressung überhaupt nicht getrennt wird.

Sobald eine Schere schlecht schneidet, d. h., den Schneidwerkstoff nicht mehr glatt abtrennt, oder aber gar nicht schneidet, erhöht im allgemeinen der Scherenbenutzer die Anpressung zwischen den Schneiden durch seitliches Verschränken der Scherenbecke. Dadurch kann auch mit einer stark abgenutzten Schere noch geschnitten werden. Soweit ein Schneiden ohne ein zusätzliches seitliches Verschränken der Scherenbecken nicht mehr erreicht werden kann, muß die Schere als nicht mehr gebrauchsfähig bezeichnet werden.

Weiterhin ist aus der Abb. 15 zu ersehen, daß sich die Differenz zwischen der Schnittkraft beim Schneiden von Papier und der Schließkraft unabhängig von dem für die Abnutzung der Schere verwendeten Schneidwerkstoff beim Leer-, Papier- und Kunststoffschneiden gleichermaßen verändert. Daraus ergibt sich, daß die Schneidhaltigkeit, d. h., die Verminderung der Schneidfähigkeit einer Schere mit steigender Schnittzahl, durch Messen der beim Leerschneiden auftretenden Schließkraft bestimmt werden kann, so daß die umständlichere Schnittkraftmessung nicht erforderlich ist.

4. Konstruktion einer selbsttätig arbeitenden Scheren-Prüfmaschine

Die bisher aufgeführten Schließkraftmessungen wurden an einem Versuchsmodell einer Scheren-Prüfmaschine durchgeführt, mit dem nur 160 mm-Haushaltscheren geprüft werden konnten. Da sich die Grundkonzeption (Abb. 5) des Versuchsmodells bewährte, wurde diese der Konstruktion einer Scheren-Prüfmaschine zugrunde gelegt. Mit dieser Scheren-Prüfmaschine ist es möglich, die Schneideigenschaften verschiedenster Scherengrößen und -typen zu prüfen, wobei ein Großteil der erforderlichen Arbeitsgänge automatisch abläuft.

Bei der im folgenden beschriebenen Scheren-Prüfmaschine wird die Schere horizontal an der Schraube in einer Einspannvorrichtung gelagert (Abb. 16). Die Einspannstelle ist so ausgelegt, daß das Auflager 14 und der Druckstift 15 keine Drehmomente übertragen können, so daß die Schere sich in der Horizontalen frei bewegen kann und somit praktisch kein nennenswerter Anteil der Schließkräfte durch Reibungskräfte am Scherenauflager übertragen wird. Die Drehbarkeit des Auflagers 14 wird dadurch erreicht, daß die Büchse 13 über ein Rollenlager 18 mit der Auflagerplatte 12 verbunden ist. Die Reibung des Druckstiftes 15 in dem Spannbolzen 4 wird durch die Anbringung der Kugel 19 vermindert.

Das Einspannen der Schere geschieht in der Weise, daß durch Kippen des Hebels 8 der Bolzen 6 gedreht wird. An der Stirnseite des Bolzens 6 ist ein Exzenter angearbeitet. Dieser Exzenter greift in einen Schlitz des Spannbolzen 4 und hebt beim Kippen des Hebels 8 den Spannbolzen 4 gegen die Kraft der Feder 17 an. Danach wird die Schere mit dem Unterbeck nach unten auf das Auflager 14 gelegt. Dabei kann das aus dem Unterbeck herausragende Schraubenende in eine halbrundförmige Vertiefung des Auflagers 14 gelegt werden. Danach wird die schneidenförmige Kante des Druckstiftes 15 durch Drehen des Handrades 5 oder durch Drehen des Druckstiftes 15 so ausgerichtet, daß sie in Richtung des Schlitzes der Scherenschraube steht. Nun kann der Hebel 8 wieder zurückgekippt werden, so daß der Druckstift 15 durch die Feder 17 auf das Auflager 14 gedrückt wird. Der Druckstift 15 und das Auflager 14 können aus der Einspannvorrichtung herausgenommen und ausgetauscht werden, um so verschiedene Scherengrößen und -typen mit anderen Druckstiften und Auflagern einspannen zu können.

Der Halm des Oberbecks erhält nach Abb. 17 durch eine Schiene 2, die am Auge befestigt wird, eine Verlängerung. Dabei wird so vorgegangen, daß die Schiene 2 parallel zur Scheren-Längsachse unter das Auge 1 des Oberbecks gelegt wird. Anschließend wird mit einer Schraube 4 eine Spannplatte 3 gegen das Scherenauge gezogen. Da bei den verschiedenen Scherengrößen und -typen die Augen voneinander abweichen, stehen Spannplatten unterschiedlicher Größe zur Verfügung. Nun kann die Schiene 2 mit der Antriebsstange des Kurbeltriebs verbunden werden (Abb. 18). Aus der in der Abb. 18 aufgeführten Übersichtszeichnung der Scheren-Prüfmaschine ist zu ersehen, daß am Ende der Antriebsstange eine Klemmvorrichtung F angebracht ist. An der Klemmstange ist ein senkrecht stehender Bolzen vorgesehen, an dessen Ende sich ein Nadellager befindet. Die das Nadellager umgebende Büchse wird in den Schlitz der Schiene eingeführt.

Weiterhin wird die Einspannvorrichtung soweit senkrecht zur Meß- bzw. Antriebsrichtung verschoben, bis die Berührungsstelle zwischen dem Auge des Unterbecks und dem Anschlag B in der Meßachse der Kraftmeßdose D liegt. Die Verstellbarkeit des Anschlags B, die durch das Heraus- oder Hereindrehen einer Anschlagplatte erreicht wird, ermöglicht es, Scherenaugen verschiedener Größe einzuspannen und dabei die senkrechte Stellung zwischen der Scheren-Längsachse und der Meßachse einzuhalten.

Unterhalb der Bodenplatte ist ein Haftmagnet angebracht, der im eingeschalteten Zustand über einen Hebel und ein Gelenk den Anschlag B vom Stempel der Meßdose D abhebt. Bei eingeschaltetem Magnet ist daher ein Einrichten der Schere möglich, ohne daß die Kraftmeßdose, deren zulässige Maximalbelastung 1500 p (Meßbereich 1000 p) beträgt, überlastet wird.

Nach dem Einschalten des Magneten und der bereits beschriebenen Verstellung des Anschlags B wird der am Kopf des Rückhalters C befindliche Exzenter so im Scherenauge des Unterbecks gedreht, bis das Scherenauge fest gegen den Anschlag B gedrückt wird. Durch den Rückhalter C wird verhindert, daß sich der Unterbeck beim Öffnen der Schere mitbewegt. Anschließend wird nach der Festlegung des für die Schließung der Schere erforderlichen Schließweges an der Kurbelscheibe L der entsprechende Kurbelradius eingestellt. Nun wird nach dem Lösen einer Schraube die Klemmvorrichtung F gelöst und die Klemmstange solange verschoben, bis in der linken Totpunktstellung des Kurbeltriebs die beiden Scherenaugen nur wenige hundertstel Millimeter voneinander entfernt sind. Dadurch wird erreicht, daß die Schere nahezu vollständig geschlossen wird, ohne daß durch ein Berühren der Scherenaugen die von der Kraftmeßdose aufzunehmende Kraft unzulässig hoch wird.

Nach dem Ausschalten des Haftmagneten und der Einstellung der Antriebsdrehzahl, die vom Kurbelradius abhängig ist und der Abb. 7 entnommen werden kann, ist die Scheren-Prüfmaschine betriebsbereit, d. h., die Meßschließungen können beginnen. Dabei wird die Antriebsleistung eines Gleichstrommotors Q über die Kegelräder O, die Antriebswelle M, die in Kugellagern N gelagert ist, die Kurbelscheibe L, die Schubstange K, die Antriebsstange, die sich in einer Kugelführung G bewegt und die Klemmvorrichtung F auf die Schere übertragen. Bei der Kugelführung G handelt es sich hier um eine Lagerung, bei der die Antriebsstange auch gegen Drehung um die Längsachse gesichert ist.

Um zu erreichen, daß der Übergang vom Öffnen zum Schließen der Schere beim Durchgang durch den hinteren Totpunkt des Kurbeltriebs nicht rückartig, sondern möglichst kontinuierlich erfolgt und weiterhin beim Vorhandensein einer Schließkraft im Schließbeginn diese sofort von der Kraftmeßdose aufgenommen werden kann, wurden die erforderlichen Abstände auf der Meß- und der Antriebsseite zwischen dem Meßstempel der Kraftmeßdose D und dem Anschlag B sowie zwischen dem Schlitz der Schienenverlängerung des Oberbecks und der Büchse des Nadellagers möglichst klein gehalten.

Die Antriebseinheit Q besteht aus einem Gleichstrommotor mit permanent magnetischem Feld, einem angeflanschten Getriebe und einem angebauten Tachogenerator. Das vom Tachogenerator abgegebene Meßsignal, das der momentanen Drehzahl entspricht, wird einem elektronischen Regelsatz zugeführt, der durch den Vergleich mit einem eingestellten Sollwert der Drehzahl über eine Spannungsregelung den Gleichstrommotor langsamer bzw. schneller laufen läßt. Durch den elektronischen Regelsatz wird der eingestellte Sollwert der Drehzahl bei Last- bzw. Spannungsschwankungen innerhalb der Drehzahltoleranz von 1 % konstant gehalten. Die im Getriebeausgang bei der Nenndrehzahl von 65 U/min abgegebene Nennleistung beträgt 27 W. Für die Drehzahl steht ein großes Regelverhältnis zur Verfügung, so daß der erforderliche Drehzahlbereich von 1 U/min bis 60 U/min kontinuierlich eingestellt und geregelt werden kann.

Die nach dem Einspannen der Schere mögliche selbsttätige Arbeitsweise der Scheren-Prüfmaschine wurde in der Hauptsache durch die Verwendung von zwei voreinstellbaren elektromechanischen Impulszählern erreicht. Die Impulse werden den Zählern durch einen Endschalter aufgegeben, der von einem an der Kurbelscheibe angebrachten Nocken betätigt wird. Nach dem Erreichen der am Impulszähler I eingestellten Impulszahl schaltet der Zähler automatisch auf die Nullstellung zurück und setzt nun den Impulszähler II in Gang, der seinerseits bis zu der auf ihm eingestellten Impulszahl zählt und danach wieder auf den Impulszähler I umschaltet.

Bei der Scheren-Prüfmaschine ist zu unterscheiden zwischen den Meßhüben (Scherenschließungen, bei denen die Schließkraft-Schließzeit-Kurve aufgenommen wird) und den Leerhüben (Leerschließungen bei erhöhter Hubzahl zur Abnutzung der Schere ohne Messung der Schließkraft). Der Impulszähler I ist den Meßhüben und der Impulszähler II den Leerhüben zugeordnet.

Im folgenden werden zusammenfassend die an der Scheren-Prüfmaschine vorzunehmenden Einstellungen besprochen, die für den automatischen Ablauf der Scherenprüfung erforderlich sind. Die dabei zu benutzenden Schalter, Drehknöpfe und Anzeigegeräte befinden sich auf der Frontplatte der Scheren-Prüfmaschine (Abb. 18).

a) Potentiometer-Drehknöpfe am Meßhub-Zählwerk und am Leerhub-Zählwerk bis zum Anschlag nach "-" drehen. Schalter "einrichten-autom." auf "einrichten" stellen und Netzschalter einschalten. Danach leuchtet die Kontrollampe "netz" auf, der Antrieb bleibt weiterhin in Ruhestellung, jedoch hebt der Haftmagnet den Anschlag B von der Kraftmeßdose D ab.

b) Einlegen und Ausrichten der Schere sowie Einstellung des Kurbelradius.

c) Aufdrehen des Potentiometer-Drehknopfes am Meßhub-Zählwerk bis der Drehzahlmesser im Meßbereich von 0 bis 6 U/min die für die Meßhübe erforderliche Drehzahl anzeigt.

d) Einstellen der erforderlichen Hubzahl für die Meßschließungen am Meßhub-Zählwerk und für die Leerschließungen am Leerhub-Zählwerk.

e) Schalter "einrichten-autom." auf "autom." legen. Potentiometer-Drehknopf am Leerhub-Zählwerk auf eine Markierung einstellen, die z.B. einer Drehzahl für die Leerschließungen von 60 U/min entspricht.

Nach dem Umlegen des Schalters "einrichten-autom." auf "autom." gibt der Haftmagnet den Anschlag B frei, während gleichzeitig der Papiervorschub des Linienschreibers eingeschaltet wird, so daß die Schließkraft-Schließzeit-Kurve registriert werden kann. Dabei ist noch zu erwähnen, daß die Kraftmeßdose an eine Brückenspeiseeinheit angeschlossen ist, deren Ausgangssignal nach der Verstärkung durch einen Gleichspannungsverstärker an den Linienschreiber weitergegeben wird.

Die Registrierung der Schließkraft geht so lange vor sich, bis die am Meßhub-Zählwerk eingestellte Hubzahl erreicht ist. Dann schaltet die Scheren-Prüfmaschine automatisch den Haftmagneten ein und den Papiervorschub des Linienschreibers aus. Gleichzeitig erhöht sich die Meßhub-Drehzahl auf die eingestellte Leerhub-Drehzahl. Nun erfolgt die Abnutzung der Schere bis zu der am Leerhub-Zählwerk vorgewählten Hubzahl, wobei die Kraftmeßdose unbeansprucht bleibt. Nach dem Erreichen der Leerhubzahl schaltet die Scheren-Prüfmaschine wieder auf Meßschließungen zurück, so daß sich nun der bereits beschriebene Arbeitsablauf wiederholt. Unterhalb des Meßhub- und des Leerhub-Zählwerks sind Kontrollampen angebracht, die durch ihr Aufleuchten anzeigen, ob die Scheren-Prüfmaschine gerade Meß- oder Leerschließungen durchführt.

5. Zusammenfassung und Ausblick

Im Zusammenhang mit der Besprechung der Arbeitsweise der Schere und der Funktion verschiedener Scherenbereiche wurden Berechnungsgrundlagen für die Bestimmung der an der Schneide, am Halbmond und der Schraube auftretenden Kräfte beim Leerschließen der Schere sowie beim Schneiden eines Werkstoffs abgeleitet.

Nach der Erläuterung der bisher üblichen, von Hand durchgeführten Prüfmethoden zur Beurteilung der Schneideigenschaften von Scheren wurden alle beim Schließen der Schere meßbaren Kenngrößen aufgeführt, mit denen die Schneideigenschaften der Schere beurteilt werden können.

Weiterhin wurde die grundsätzliche Arbeitsweise der Scheren-Prüfmaschine besprochen, wobei gleichzeitig die sich aus der Verwendung des Kurbeltriebs als Antrieb für das Öffnen und Schließen ergebende Schließ- bzw. Öffnungsgeschwindigkeit berechnet wurde. Um zu erreichen, daß die Schließgeschwindigkeiten bei großen und kleinen Scheren gleich sind und dadurch die Prüfungsergebnisse besser miteinander verglichen werden können, wurden die dafür erforderlichen Drehzahländerungen des antreibenden Kurbeltriebs berechnet.

In einem weiteren Kapitel wurde ausgeführt, wie aus der von der Scheren-Prüfmaschine ermittelten Schließkraft-Schließzeit-Kurve die Schließkraft der Schere bei verschiedenen Schließstellungen bestimmt werden kann und wie die für die Beurteilung der Schneideigenschaften erforderlichen Kenngrößen aus der Schließkraft-Schließzeit-Kurve zu entnehmen sind.

Die Beurteilung von Prüfungsergebnissen, die aus Versuchen resultieren, bei denen die Abnutzung der Scheren durch Schneiden von Papier oder Kunststoff erfolgte, führte zu der Erkenntnis, daß grundsätzlich die Schneidhaltigkeit von Scheren durch Leerschließungen - also ohne Schneiden eines Werkstoffes - ermittelt werden kann.

Abschließend wurde eine Scheren-Prüfmaschine beschrieben, mit deren Hilfe es möglich ist, die Prüfung nach dem Einspannen und Ausrichten der Schere automatisch vorzunehmen. Die Scheren-Prüfmaschine schaltet dabei selbsttätig von Meß- auf Leerschließungen um und führt gleichzeitig die sich daraus ergebenden übrigen Umschaltungen durch.

Die Bestimmung der Kenngrößen für die Schneidfähigkeit und die Schneidhaltigkeit reicht alleine noch nicht für eine allgemein gültige Bewertung der Schneideigenschaften von Scheren aus. Dazu sind Großzahlversuche notwendig, bei denen die Scheren Sachverständigen übergeben werden sollen, die ihrerseits die Kenngrößen nach den bisher üblichen Verfahren bewerten. Danach kann die Abhängigkeit zwischen der von den Scheren-Sachverständigen gegebenen Bewertungsnote und den mit der Scheren-Prüfmaschine ermittelten Werten für die Kenngrößen festgestellt werden. Erst dann sind die Grundlagen für eine praxisnahe, objektive Bewertung der Schneideigenschaften von Scheren, die durch das entwickelte meßtechnische Verfahren möglich ist, gegeben. Diese Aufgabe ist einem weiteren Forschungsvorhaben "Untersuchungen über den Zusammenhang zwischen den Schneideigenschaften von Scheren und den Werkstoffeigenschaften, der Oberflächenbearbeitung und dem Scherenaufbau sowie die Festlegung von Gütemerkmalen" vorbehalten.

Abbildungen

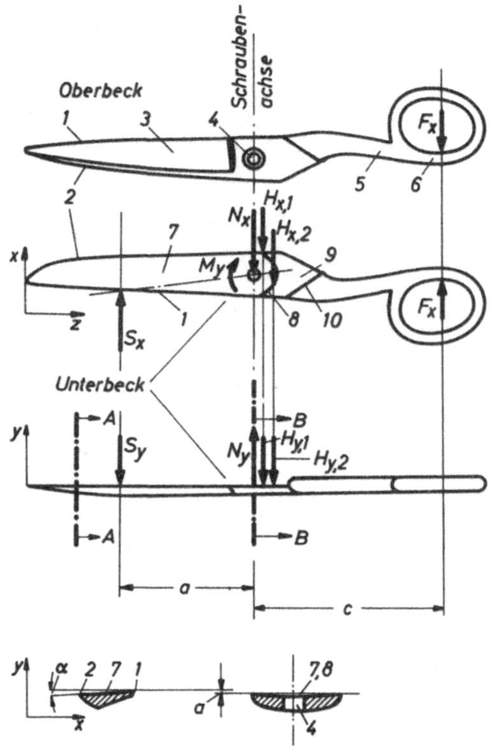

Abb. 1 a: Oberbeck und Unterbeck einer 160 mm-Haushaltschere mit den an der Schneide (S), an der Schraube (N) und am Halbmond (H) wirkenden Kräften (F_x - äußere, bei der Scherenschließung aufgebrachte Kraft)
1 Schneide, 2 Rücken, 3 Blatt, 4 Schraubenloch, 5 Halm, 6 Auge, 7 hohle Seite, 8 Halbmond, 9 Zwischen, 10 Dürpel, α Drehwinkel (Drall), a Höhendifferenz durch Krümmung des Scherenblattes

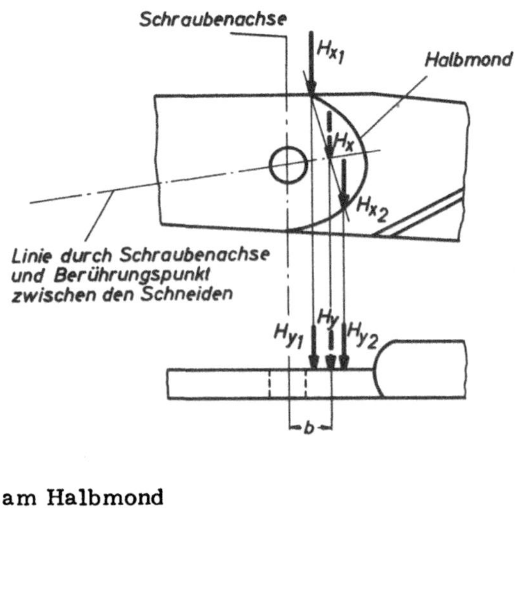

Abb. 1 b: Kräfte am Halbmond

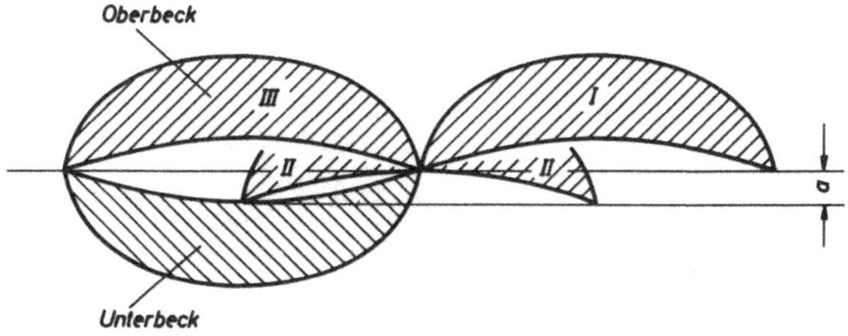

Abb. 2: Schematische Darstellung des Bewegungsablaufs am Halbmond
I - Schere geöffnet
II - Schere halb geschlossen
III - Schere geschlossen
a - senkrechte maximale Relativbewegung zwischen Oberbeck und Unterbeck in der Ebene des Halbmondquerschnitts

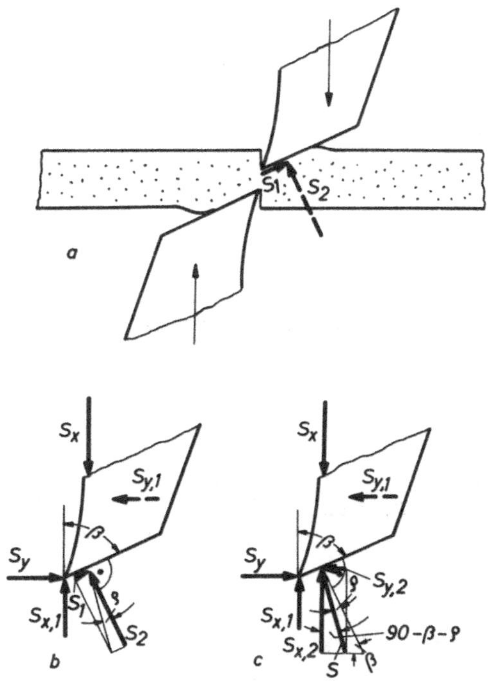

Abb. 3: Schematische Darstellung des Schneidvorgangs (a) und der an der Schneide auftretenden Kräfte (b, c)

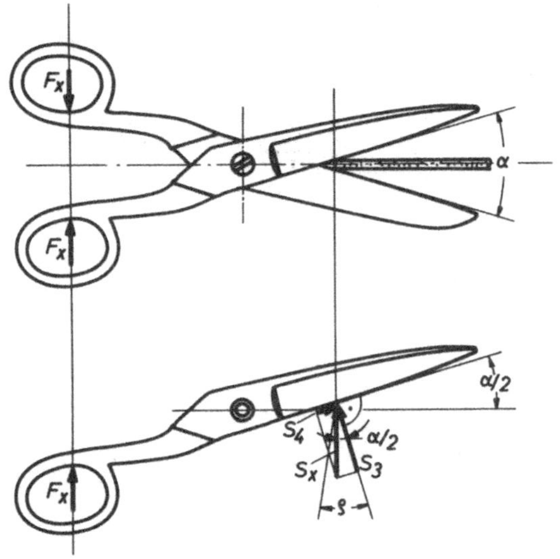

Abb. 4: Zusammenhang zwischen dem Öffnungswinkel α der Schere und dem Reibungswinkel ρ bzw. dem Rutschen des Schneidwerkstoffs in Richtung der Scherenschneiden

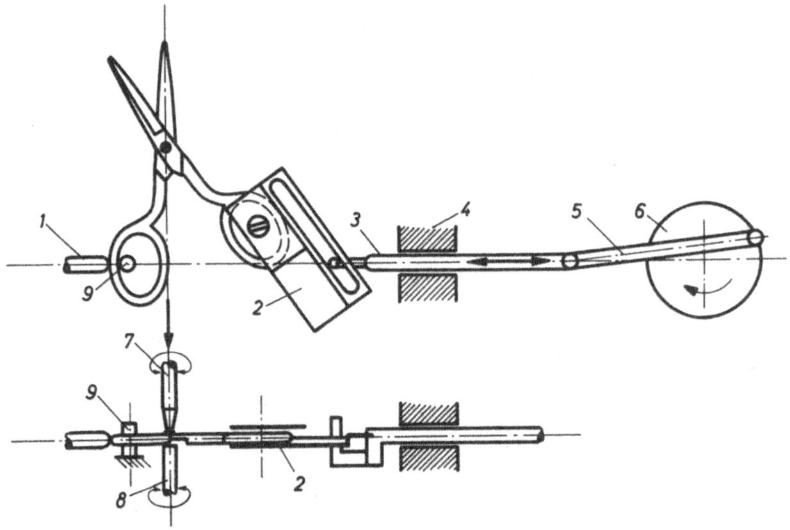

Abb. 5: Schematische Darstellung der Arbeitsweise der Scherenprüfvorrichtung

1 Stempel der Kraftmeßdose
2 am Oberbeck befestigte Führungsschiene zur Kraftübertragung
3 Stange mit Zapfen zur Kraftübertragung
4 Lager für Stange 3
5 Schubstange
6 Kurbelscheibe
7 Druckstempel (greift in den Schlitz der Scherenschraube)
8 Scherenauflage in der Achse der Scherenschraube
9 Anschlag

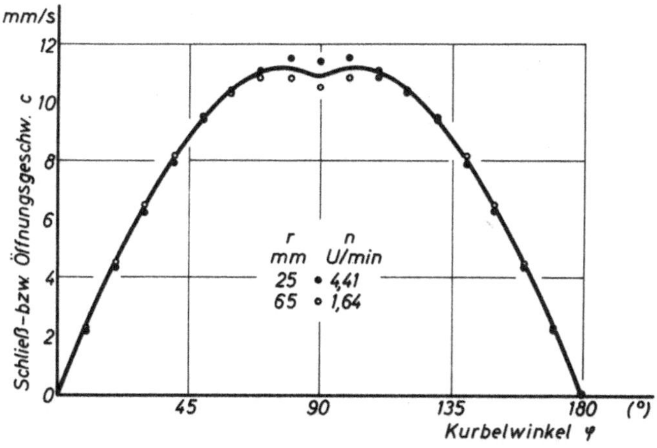

Abb. 6: Schließ- bzw. Öffnungsgeschwindigkeit der Schere in Abhängigkeit vom Kurbelwinkel des Antriebs für Kurbelradien von 25 mm bis 65 mm und Drehzahlen von 4, 41 U/min bis 1, 64 U/min

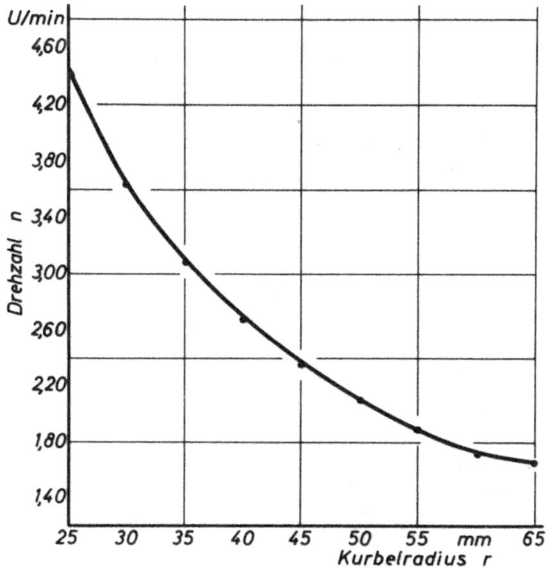

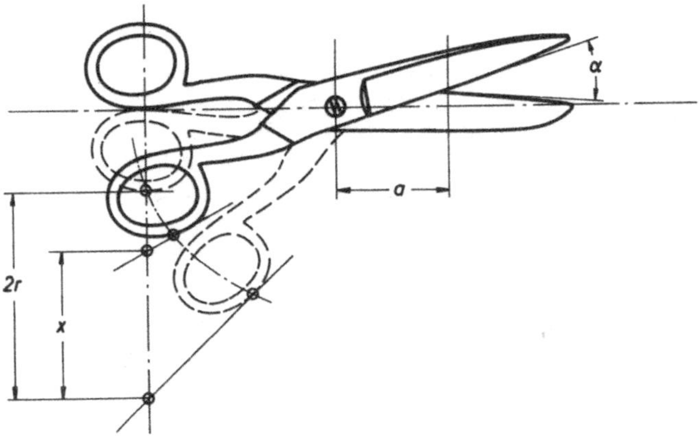

Abb. 8: Zur Bestimmung des Zusammenhangs zwischen dem Schließweg x, der Schließstellung a und dem Öffnungswinkel α der Schere (r = Kurbelradius)

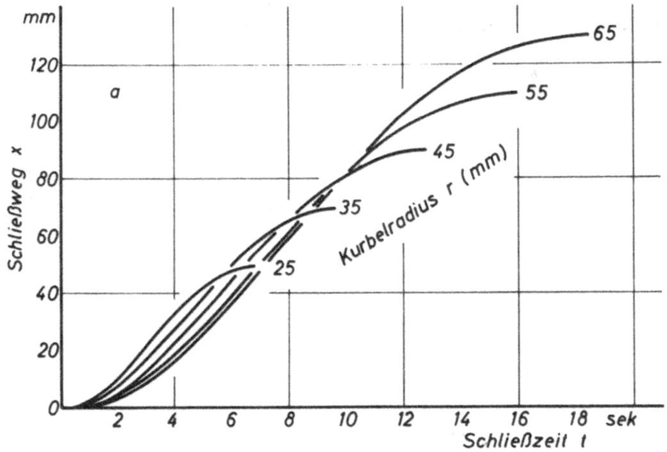

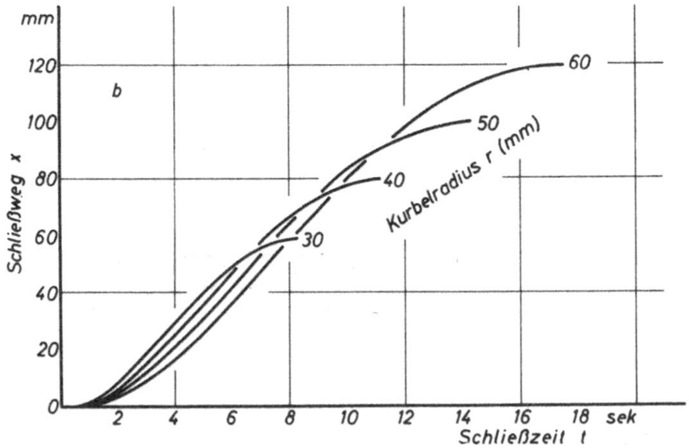

Abb. 9: Zusammenhang zwischen dem Schließweg x (Abb. 8) und der Schließzeit t bei verschiedenen Kurbelradien r
a - Kurbelradius r = 25, 35, 45, 55, 65 mm
b - Kurbelradius r = 30, 40, 50, 60 mm

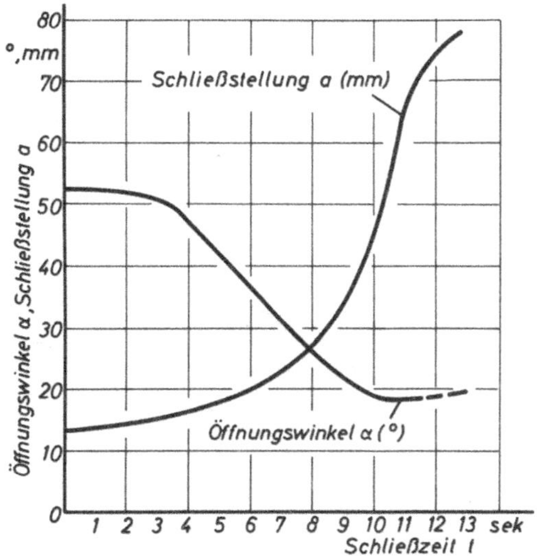

Abb. 10: Zusammenhang zwischen dem Öffnungswinkel α, der Schließstellung a (siehe Abb. 8) und der Schließzeit t bei einer 160 mm-Haushaltschere (Kurbelradius r = 45 mm)

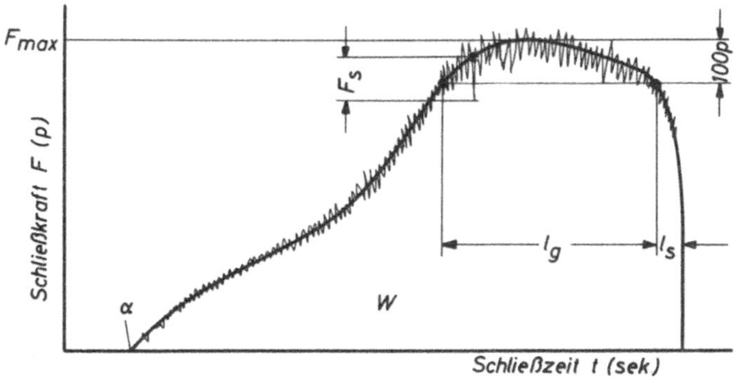

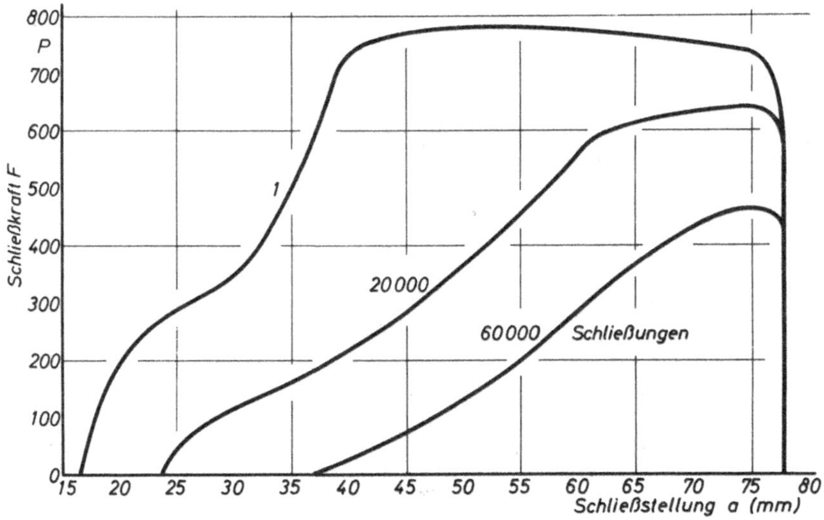

Abb. 12: Schließkraft in Abhängigkeit von der Schließstellung nach einer verschiedenen Anzahl von Schließungen bei einer 160 mm-Haushaltschere mit guten Schneideigenschaften

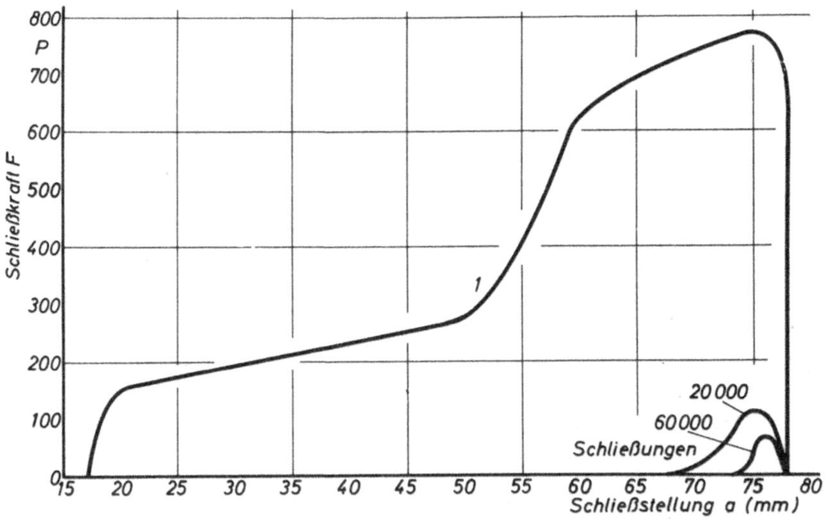

Abb. 13: Schließkraft in Abhängigkeit von der Schließstellung nach einer verschiedenen Anzahl von Schließungen bei einer 160 mm-Haushaltschere mit schlechten Schneideigenschaften

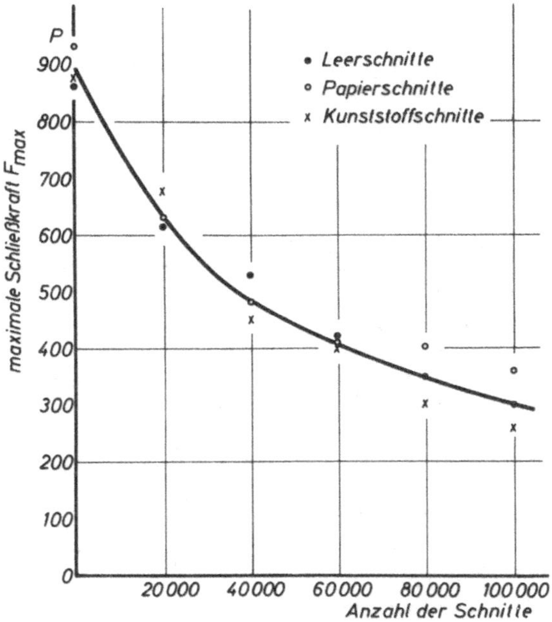

Abb. 14: Maximale Schließkraft in Abhängigkeit von der Anzahl der Schnitte beim Leer-, Papier- und Kunststoffschneiden

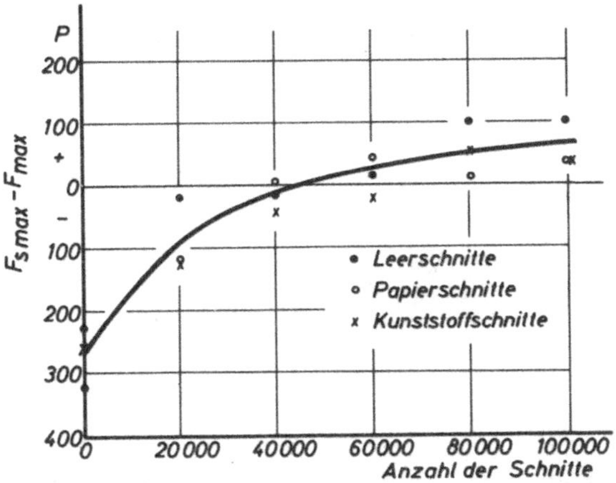

Abb. 15: Differenz zwischen der maximalen Schnittkraft (Schneiden von Papier) und der maximalen Schließkraft in Abhängigkeit von der Anzahl der Schnitte beim Leer-, Papier- und Kunststoffschneiden

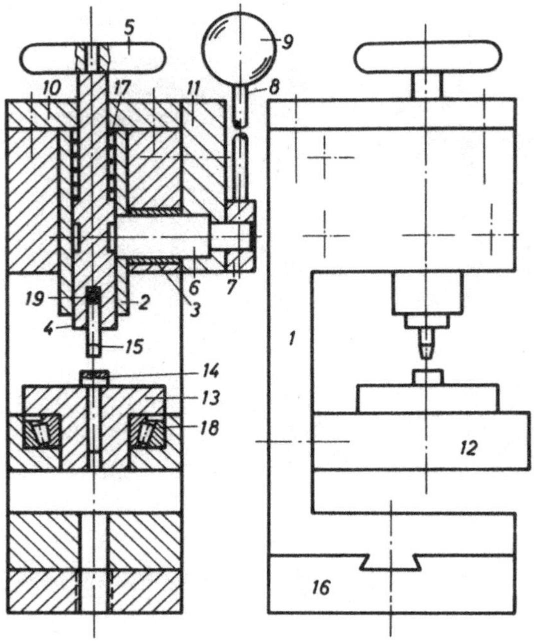

Abb. 16: Scheren-Einspannvorrichtung für die Scheren-Prüfmaschine

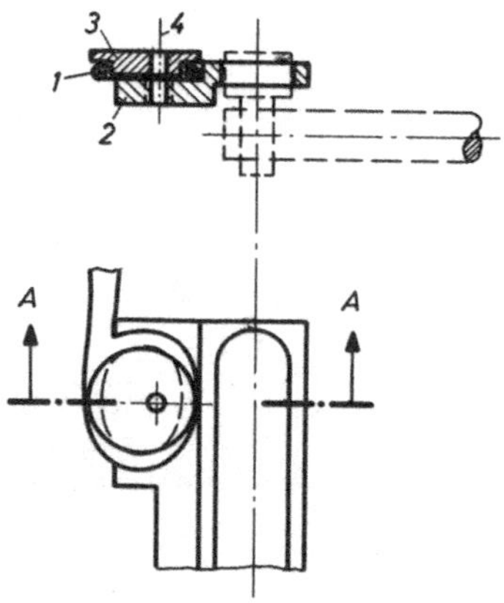

Abb. 17: Anbringung einer Verlängerung am Auge des Oberbecks

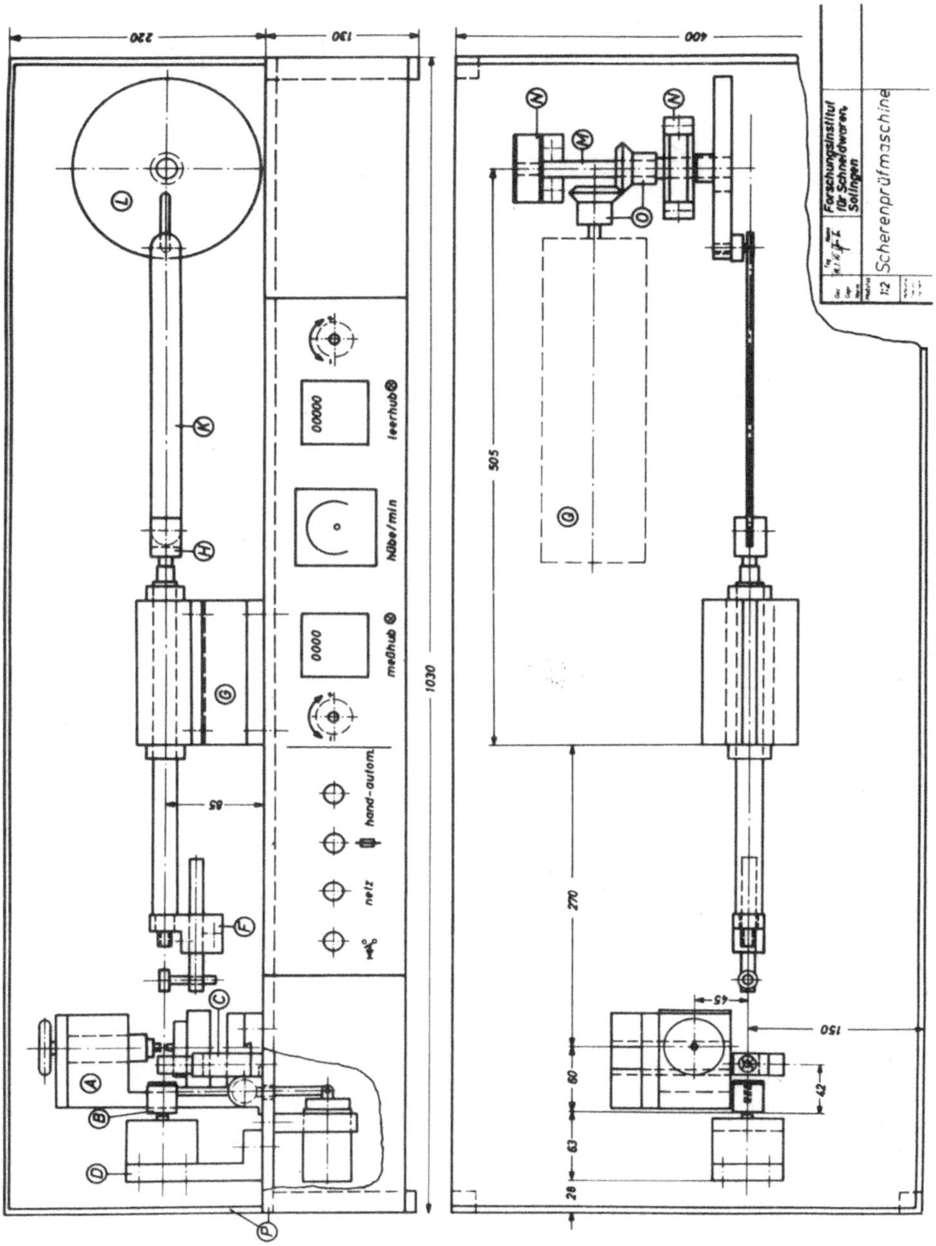

Abb. 18: Übersichtszeichnung der Scheren-Prüfmaschine

Forschungsberichte des Landes Nordrhein-Westfalen

Herausgegeben im Auftrage des Ministerpräsidenten Heinz Kühn
vom Minister für Wissenschaft und Forschung Johannes Rau

Sachgruppenverzeichnis

Acetylen · Schweißtechnik
Acetylene · Welding gracitice
Acétylène · Technique du soudage
Acetileno · Técnica de la soldadura
Ацетилен и техника сварки

Arbeitswissenschaft
Labor science
Science du travail
Trabajo científico
Вопросы трудового процесса

Bau · Steine · Erden
Constructure · Construction material · Soilresearch
Construction · Matériaux de construction · Recherche souterraine
La construcción · Materiales de construcción · Reconocimiento del suelo
Строительство и строительные материалы

Bergbau
Mining
Exploitation des mines
Minería
Горное дело

Biologie
Biology
Biologie
Biologia
Биология

Chemie
Chemistry
Chimie
Quimica
Химия

Druck · Farbe · Papier · Photographie
Printing · Color · Paper · Photography
Imprimerie · Couleur · Papier · Photographie
Artes gráficas · Color · Papel · Fotografía
Типография · Краски · Бумага · Фотография

Eisenverarbeitende Industrie
Metal working industry
Industrie du fer
Industria del hierro
Металлообрабатывающая промышленность

Elektrotechnik · Optik
Electrotechnology · Optics
Electrotechnique · Optique
Electrotécnica · Optica
Электротехника и оптика

Energiewirtschaft
Power economy
Energie
Energía
Энергетическое хозяйство

Fahrzeugbau · Gasmotoren
Vehicle construction · Engines
Construction de véhicules · Moteurs
Construcción de vehículos · Motores
Производство транспортных средств

Fertigung
Fabrication
Fabrication
Fabricación
Производство

Funktechnik · Astronomie
Radio engineering · Astronomy
Radiotechnique · Astronomie
Radiotécnica · Astronomía
Радиотехника и астрономия

Batch number: 10584556

Printed by Printforce, the Netherlands